SAMMLUNG GÖSCHEN BAND 226/226a

GESCHICHTE DER MATHEMATIK

von

DR. JOSEPH EHRENFRIED HOFMANN
Honorarprofessor an der Universität Tübingen

ERSTER TEIL

VON DEN ANFÄNGEN BIS ZUM AUFTRETEN VON FERMAT UND DESCARTES

2., verbesserte und vermehrte Auflage

WALTER DE GRUYTER & CO.
vormals G. J. Göschen'sche Verlagshandlung · J. Guttentag,
Verlagsbuchhandlung · Georg Reimer · Karl J. Trübner · Veit & Comp.
Berlin 1963

Die Gesamtdarstellung umfaßt folgende Bände:

I: Von den Anfängen bis zum Auftreten von Fermat und Descartes
(Band 226/226a)

II: Von Fermat und Descartes bis zur Erfindung des Calculus und bis zum Ausbau der neuen Methoden
(Band 875)

III: Von den Auseinandersetzungen um den Calculus bis zur Französischen Revolution
(Band 882)

 – Archiv-Nr. 77 10 639. – Satz und Druck: Mercedes-Druck, Berlin 61. – Printed in Germany.

Inhaltsverzeichnis

Vorbemerkung

Diese zweite Auflage ist gegenüber der ersten vor allem durch Anpassen der Abschnitte über die Mathematik der Babylonier, über die Entdeckung des Irrationalen, über die Mathematik der Muslime und der Chinesen an den gegenwärtigen Forschungsstand und durch Einfügen eines Abschnittes über die Mathematik der alten Byzantiner verändert; dazu treten kleinere Einschiebungen und die Ergänzung der Register. Das Ziel der ersten Auflage, eine gedrängte Gesamtübersicht über die Mathematikgeschichte mit bewußter Betonung der sachlichen Probleme und streifender Behandlung der Nachbargebiete zu geben, ist unverändert festgehalten; das nunmehr ausführlicher gehaltene Sachverzeichnis will bei der Suche nach Einzelheiten dienlich sein.

Mein herzlichster Dank gilt den Helfern bei der Durchsicht der Korrekturen, Frl. Studienreferendarin Helga Bertram, Herrn Oberschulrat Dr. Siegfried Heller, Frau Studienassessorin Friedl Kneser, Herrn Professor Johann Niessner und Herrn Dr. Christoph Scriba und nicht zuletzt dem Verlag, der in so liebenswürdiger Weise auf alle meine Anregungen eingegangen ist.

Ichenhausen, im Herbst 1962

Jos. E. Hofmann

Geschichte der Mathematik

Allgemeiner Überblick

Das mathematische Denken hat sich zur heutigen formalen Geschlossenheit und inhaltlichen Vielgestalt nicht plötzlich, sondern in jahrtausendelanger mühevoller Entwicklung erhoben. Am Anfang stehen rezeptartige Rechenvorschriften und handwerkliche Konstruktionsanweisungen, zu denen sich merkwürdige teils abergläubische, teils mystisch-religiöse Vorstellungen und eigentümliches Brauchtum gesellen. Allgemeinere systematische Gesichtspunkte zeigen sich bei den PYTHAGOREERN (5. Jahrh. v. Chr.), klare Einsichten in das Wesen, die Bedeutung und die Tragweite des beweisenden Verfahrens im Zusammenhang mit der Entdeckung des Irrationalen bei den unteritalischen GRIECHEN (um 400 v. Chr.). Um diese Zeit löst sich die Mathematik als selbständiger Wissenszweig von der griechischen Philosophie ab, bleibt jedoch mit ihr durch die Art der theoretischen Geisteshaltung aufs innigste verbunden. Trotz der mangelnden Symbolik und der Ablehnung direkter infinitesimaler Methoden stellt die Mathematik der hellenistischen Hochblüte (3. Jahrh. v. Chr.) ein in sich geschlossenes Wissenschaftssystem von hohem Wert dar. Sie ist reine Geisteswissenschaft und hat mit der gleichzeitigen Naturwissenschaft, die um qualitative Deutungen auf Grund des äußeren Erscheinungsbildes ringt, nur wenig zu tun; auch die technischen Anwendungsmöglichkeiten werden kaum genutzt.

Mit der Einfügung der Diadochen-Staaten in das römische Reich (Griechenland 197, Syrien 64, Ägypten

31 v. Chr.) tritt auf weltanschaulichem Gebiet die Stoa, auf philosophischem der kosmopolitische Eklektizismus in den Vordergrund; das Interesse an der theoretischen Mathematik ist im Schwinden und kann auch durch die Wiederbelebungsversuche der NEUPYTHAGOREER und NEUPLATONIKER (3. Jahrh. n. Chr.) nicht mehr in früherem Maße geweckt werden. Die junge Kirche lehnt die theoretische Fachmathematik wegen deren Bindung an die Philosophie zunächst als typisch heidnische Wissenschaft ab und will anfangs nur die unumgänglich nötigen praktischen Methoden gelten lassen; die letzten NEUPLATONIKER fassen das gesamte ihnen zugängliche mathematische Wissen in Sammelwerken und Ausgaben zusammen. Nebenher entwickeln sich die ersten brauchbaren Ansätze einer symbolischen Algebra (4.—6. Jahrh.).

Durch die Teilung von 395 wird die kulturelle Einheit des bis dahin völlig zweisprachigen Reiches bedroht; durch den Zusammenbruch des Westreiches (476) geht dem von germanischen Völkern überfluteten Abendland die Kenntnis des Griechischen verloren, ohne daß die Hauptwerke der hellenistischen Philosophie und Mathematik ins Lateinische übersetzt worden wären, so daß ein neuer Anfang auf primitiver Grundlage gemacht werden muß. Im Ostreich hält sich die wissenschaftliche Tradition noch lange; von hier fließt griechisches Wissen nach Mesopotamien, Persien und Indien, wird mit dort vorhandenen eigenen Ansätzen verknüpft und führt zum Ziffernrechnen und zur Ausgestaltung der Trigonometrie (wohl seit dem 5. Jahrh.). Nach Aufrichtung (Heġra 622) und Sicherung des Kalifats nehmen die MUSLIME das mathematische Können der Griechen und Inder in vorzüglichen Übersetzungen auf (9. Jahrh.), führen es geschickt fort und geben es (seit dem 12. Jahrh.) an das christliche Abendland weiter, wo gleichzeitig auch lateinische Übersetzungen aus griechischen Vorlagen angefertigt werden. Die Diskussionen der SCHOLASTIKER um das Unendliche und das Kontinuum (seit dem 12. Jahrh.) und die symbolhafte und rechnerische Veranschaulichung von Eigenschaften und ihren Veränderungen (seit dem 14. Jahrh.) bereiten den Boden für das Wiederaufleben des mathematischen Interesses, das zunächst der Übersetzung (15. Jahrh.), dann der Wiedergabe der stückweise wieder auftauchenden griechischen Originale (16. Jahrh.), schließlich der selbständigen Weiterbildung des Gewonnenen gilt. Gleichzeitig formt sich mit der Wendung zur quantitativen Naturforschung und technischen Nutzbarmachung ein auf mathematisch-naturwissenschaftlicher Grundlage beruhendes Weltbild, das durch den konsequenten Übergang zur infinitesimalen Betrachtungsweise, zum Funktionsbegriff und zu einer symbolischen Begriffsschrift entscheidende Züge erhält (17. Jahrh.).

Die unerhörten Erfolge der nunmehr auf allen Gebieten der exakten Naturforschung verwendeten neuen Verfahren führen zu außerordentlicher Ausdehnung des mathematisch erfaßbaren Wissensstoffes (18. Jahrh.), verleiten jedoch zu ungebührlicher Nachlässigkeit hinsichtlich methodisch einwandfreier Begründung der anzuwendenden Ansätze. Erst im 19. Jahrh. klärt sich das vordem in reicher Fülle Gewonnene ab, wird systematisch zusammengefaßt, algorithmisch vereinheitlicht und mit immer anspruchsvoller werdender Präzision dargestellt, die in der modernen axiomatisierenden Grundlagenforschung und in der Wendung zur Logistik mündet. Jetzt erst wird der ernsthafte Versuch gemacht, die Mathematik als geschichtliche Einheit zu erfassen und nicht nur vom biographischen Standpunkt aus, sondern nach ihrem Inhalt an Problemen und Ideen zu behandeln und in ihrer Wechselbeziehung mit den anderen kulturschaffenden Faktoren der einzelnen Epochen verstehen zu lernen.

Zur Einführung

G. Loria: *Guida allo studio della storia delle matematiche*, Mailand 1916, ^{2}1946.

G. A. Miller: *Historical introduction to mathematical literature*, New York 1916.

G. Sarton: *The study of the history of mathematics*, Cambridge (Mass.) 1936, ^{2}New York 1957.

D. E. Smith: *A source book in mathematics*, New York 1929, ^{2}1959.

Bio-Bibliographisches

J. C. Poggendorff: *Handwörterbuch zur Geschichte der exakten Wissenschaften*, Leipzig seit 1863.

Geschichte der Mathematik

R. Cl. Archibald: *Outline of the history of mathematics*, Lancaster 1932, Oberlin (Ohio) ^{2}1934, ^{3}1936, ^{4}1939, ^{5}1941, ^{6}1949.

O. Becker-J. E. Hofmann: *Geschichte der Mathematik*, Bonn 1951, frz. Paris 1956.

Fl. Cajori: *A history of mathematics*, New York ^{1}1894, ^{2}1919, ^{3}1922.

M. Cantor: *Vorlesungen über Geschichte der Mathematik*, Leipzig I: ^{1}1880, ^{2}1894, ^{3}1907; II: ^{1}1892, ^{2}1899/1900; III: ^{1}1898, ^{2}1900 bis 1901; IV: 1908 (veraltet).

S. Günther-H. Wieleitner: *Geschichte der Mathematik*, Leipzig/Berlin I 1908; II_1 1911, II_2 1921.

G. Loria: *Storia delle matematiche*, Turin I 1929, II 1931, III 1933, ^{2}Mailand 1950.

K. A. Rybnikov: *Geschichte der Mathem.* I (russ.), Moskau 1960.

D. E. Smith: *History of mathematics*, Boston/London 1923, 1925, ^{2}1928, 1930, ^{3}1951/53, ^{4}New York 1958.

D. J. Struik: *A concise history of mathematics*, New York 1948 (2 Bände), dtsch. Berlin 1961.

H. Wieleitner: *Geschichte der Mathematik*, Leipzig 1922/23 (Samml. Göschen 226, 875); Neudruck 1939; spanisch von C. M. Brunet, Barcelona 1928, 1932.

H. Wieleitner: *Geschichte d. Math. v. Descartes bis zur Mitte des 19. Jh.*, Moskau 1960 (russ. Wiedergabe d. Mathematikgesch. 1911/21 und1923, Sammlg. Göschen 875).

H. G. Zeuthen: *Geschichte d. Math. im Altertum u. Mittelalter*, dän. Kopenhagen 1893, ^{2}1949 (m. Ergänzungen v. O. Neugebauer); dtsch. Kopenhagen 1896, frz. Paris 1902, russ. Moskau-Leningrad 1938.

Mathematisches Wörterbuch d. Dtsch. Akad. d. Wiss., ed. J. Naas-H. L. Schmid, Berlin-Leipzig-Stuttgart 1961.

Geschichte der Elementarmathematik

Fl. Cajori: *A history of elementary mathematics*, NewYork ^{1}1896, ^{2}1917, ^{3}1930; russ. von I. U. Timtschenko, Odessa 1910.

E. Bortolotti in *Enciclopedia matematica elementare e complem.* III_2, Mailand 1950.

J. Tropfke: *Geschichte der Elementarmathematik*, Leipzig 1902 / 1903 (2 Bände), ^{2}Berlin 1921 / 1924 (7 Bände), ^{3}1930/40 (die ersten vier Bände).

Zur Kulturgeschichte

C. Barbagallo: *Storia delle scienze*, Mailand 1925.

W. C. Dampier-Wetham: *A history of science and its relation with philosophy and religion*, Cambridge ^{1}1929, ^{2}1930, ^{3}1940.

F. Enriques: *Le matematiche nella storia e nella cultura*, Bologna 1938.

J. Perès: *Les sciences exactes*, Paris 1930.

G. Sarton: *A guide to the history of science*, Waltham 1952; *Introduction to the history of science*, Baltimore I 1927, II 1931, III_1 1947, III_2 1948.

J. T. Shotwell: *An introduction to the history of history*, New York 1922.

Handbuch der Kulturgeschichte ed. H. Kindermann, Potsdam 1934.

Einige Zeitschriften
mit mathematikgeschichtlichen Beiträgen:

Bulletino di bibliografia e di storia delle sc. mat. e fis., ed. B. Boncompagni, Rom 1868 – 1887

Zeitschrift f. Math. u. Physik, literar.-hist. Abtlg., ed. M. Cantor, Leipzig 1875 – 1900.

Abhandlungen z. Gesch. d. math. Wiss., ed. M. Cantor, Leipzig 1877 – 1918.

Bibliotheca mathematica, ed. G. Eneström, Stockholm / Berlin / Paris ^{1}1884 – 1886; ^{2}1887 – 1899; Leipzig ^{3}1900 – 1914.

Archiv f. Gesch. d. Math., d. Naturwiss. u. d. Technik, Leipzig 1909 – 1931,

Isis, An internat. review, devoted to the hist. of science, begr. v. G. Sarton, Cambridge (Mass.), seit 1913.

Archivio di storia della scienza, begr. v. A. Mieli, Rom seit 1919, seit 1927 als *Archeion*, seit 1947 als *Archives internat. d'hist. d. sciences*, Paris.

Quellen u. Studien z. Geschichte d. Math., Astronomie u. Physik, Abt. A: Quellen, Berlin 1930 – 1937; Abt. B: Studien, Berlin 1931 bis 1938. Hgg. v. O. Neugebauer u. a.

Scripta mathematica, New York seit 1932.

Osiris, Commentationes de scientiarum et eruditionis historia rationeque, begr. v. G. Sarton, Brügge seit 1936.

Revue d'histoire des sciences, Paris seit 1947.

Trudy inst. istorii estestv., Moskau-Leningrad seit 1947 (russ.).

Istoriko-matematičeskije issledovanija, Moskau-Leningrad, seit 1948 (russ.),

Centaurus, International magazine of the hist. of sc. and medicine, Kopenhagen seit 1950.

Trudy inst. istorii estestv. techn.; Moskau seit 1954 (russ.).

Voprosy istorii estestv. techn., Moskau seit 1956 (russ.).

Physis, Rivista di storia della scienza, Florenz seit 1959.

NTM, Zeitschrift f. Gesch. d. Naturwiss., Techn. u. Medizin, Leipzig seit 1960.

Archive for history of exact sciences, ed. C. Truesdell, Berlin/Göttingen/Heidelberg seit 1960.

Boethius, Texte u. Abhdl. z. Gesch. d. exakten Wissensch., ed. J. E. Hofmann, Fr. Klemm, B. Sticker, Wiesbaden seit 1962.

Referierorgane

Jahrbuch über die Fortschritte d. Math., gegr. v. C. Orthmann - F. Müller, Berlin 1868 – 1944.

Mitteilungen z. Gesch. d. Medizin, d. Naturwiss. u. d. Technik, gegr. v. K. Sudhoff - S. Günther, Leipzig 1901 – 1943, neubegr. v. R. Zaunick, Leipzig seit 1961.

Zentralblatt f. Mathematik u. ihre Grenzgebiete, Berlin seit 1931.

Mathematical reviews, Providence, R. I., seit 1939.

Außerdem regelmäßig wissenschaftsgeschichtliche Bibliographien in *Isis*.

I. Abschnitt

Vorgriechische Mathematik

1. Aus der Vorgeschichte

Schon dort, wo uns die Arbeit des Prähistorikers nähere Einzelheiten über die Kultur der Steinzeit erschlossen hat, stoßen wir auf ausgeprägtes mathematisches Können. Bauten und Grabanlagen, die Zierate auf Waffen und Werkzeugen, auf Gebrauchs- und Schmuckgegenständen, vor allem aber die Töpferware, das Flechtwerk und die Webereierzeugnisse verraten uns Formensinn und hochstehende handwerkliche Vertrautheit mit den geometrischen Grundtatsachen. Den nur kärglich erhaltenen Inschriften stehen wir zumeist noch hilflos gegenüber. Gelegentlich wissen wir, daß es sich um Daten oder Inventare handelt, und können regelmäßig wiederkehrende Zeichen als Ziffern deuten. Gemeingut ist die Kenntnis des gleichseitigen und gleichschenkligen Dreiecks, des Quadrats, des Rechtecks, des Kreises und des in ihn gelegten regelmäßigen Sechsecks, der Kugel, des Zylinders, des Quaders, des Würfels, des regelmäßigen Vierflachs und Achtflachs und dergleichen mehr. Feines Gefühl für Symmetrieeigenschaften verrät sich bei der schmückenden Ausfüllung von Flächen durch geometrische Ornamente, die entweder in unbeschränkt fortsetzbaren Streifen oder in kreisförmig sich schließenden Gebilden angeordnet sind.

Die einfachsten Zahlen werden wie Eigenschaften behandelt und gelegentlich in unmittelbare Beziehung zu den gezählten Gegenständen gebracht, so daß den nämlichen Anzahlen verschiedene Zeichen zugeordnet sind (konkrete Zahlen). Im allgemeinen wird die reihende Schreibweise bevorzugt; schon sehr früh finden sich Obereinheiten, doch wird die Stufung nicht allzu weit getrieben und häufig durchbrochen. Bei den indogermanischen Völkerschaften herrscht eine gewisse Neigung zum Verdoppeln und Vervierfachen vor, bei den Kelten spielt das Zwanzigfache eine große Rolle. Auch dezimale Stufungen treten auf, vor allem die Fünferbündelung und die Kennzeichnung einer Zahl durch Hinaufzählen zu einer höhergelegenen Schwelle. (Für alle diese Bezeichnungsweisen und für die fortgesetzte Einführung neuer Individualzeichen für Zahlen — gelegentlich in starker Abweichung vom Zahlwort — finden sich Beispiele bei den Völkern mit bereits ausgeprägter Hochkultur und schriftlicher Tradition.) Im ganzen zeigt sich eine gewisse, jedoch nicht allzu weitgehende Verwandtschaft der Neolithiker mit den Überlieferungen und dem Brauchtum der heute noch vorhandenen spärlichen Überreste unberührter Naturvölker, denen freilich die geistige Formkraft gefehlt hat, Stammeltern echter Kulturvölker zu werden.

Dort, wo uns entzifferbare schriftliche Überreste erhalten sind, stoßen wir auf die rezeptartige Behandlung praktischer Aufgaben, wie sie sich bei der Abgrenzung von Feldern, bei Errichtung von Vorratsräumen, Dämmen usw. ergeben. Am Anfang stehen die genauen Regeln für Rechteck, Dreieck und Quader, bei den übrigen Gebilden hilft man sich zunächst durch Näherungen, exakte Vorschriften folgen erst später. Im Zusammenhang mit der Verwendung von Maßen, Münzen und Gewichten werden Umrechnungen zwischen einer Einheit und ihren Untereinheiten nötig. Damit ist der Einführung von Brüchen vorgearbeitet, deren einfachste überall eine individuelle Behandlung erfahren haben. Ferner finden wir Proportionen an ähnlichen Figuren. Die sich langsam formenden staatlichen Verhältnisse zwingen zur Verwendung größerer Zahlen. Die wechselnden Jahreszeiten, die in schwer übersehbarer Form mit den Lichtgestalten des Mondes zusammenhängen, führen auf das schwierige Kalenderproblem, das von den einzelnen Völkergruppen auf gänzlich verschiedenen Wegen angegriffen und zumeist eng mit religiösen Vorstellungen verbunden wird.

Zur Kulturgeschichte der Steinzeit

K. Breysig: *Die Geschichte der Menschheit* I, Breslau 1936.
R. Furon: *Manuel de préhistoire générale*, Paris [1]1939, [2]1943.
L. Lévy-Bruhl: *Les fonctions mentales dans les sociétés inférieures*, Paris [8]1928, deutsch Wien [2]1926.
O. Menghin: *Weltgeschichte d. Steinzeit*, Wien 1931.
M. P. Nilson: *Primitive timereckoning*, Lund 1920.
Reallexikon der Vorgeschichte, ed. M. Ebert, Berlin 1924/32.
K. Vogel: *Vorgriechische Mathematik* I: *Vorgeschichte u. Ägypten*, Hannover/Paderborn 1958.

Zur Entwicklung der Zahlen

E. Fettweis: *Das Rechnen der Naturvölker*, Leipzig 1927.
J. C. Gregory: *The nature of number*, London 1919.
F. A. Willers: *Zahlzeichen und Rechnen im Wandel der Zeit*, Berlin/Leipzig 1950.
I. J. Depman: *Geschichte des Rechnens*, Moskau 1959 (russ.).
E. Löffler: *Ziffern und Ziffernsysteme*, Leipzig [1]1912, [2]1918/19 (2 Bändchen), [3]1928.
K. Menninger: *Zahlwort und Ziffer = Aus der Kulturgeschichte der Zahlen*, Breslau 1934, [2]Göttingen 1957/1958 (2 Bde.).

2. Die Babylonier (2000—200)

Die uns überlieferten ziemlich zahlreichen Keilschrifttäfelchen mathematischen Inhaltes entstammen größtenteils dem Mündungsgebiet des Euphrat und Tigris und reichen zeitlich vom 2. Jahrtausend bis zum 2. Jahrhundert v. Chr. Sie geben im wesentlichen Gedankengut der Sumerer wieder, die um 3500 für ihre vorzugsweise aus einsilbigen Wörtern bestehende agglutinierende (= anleimende) Sprache eine Bilderschrift verwenden und diese später durch Stilisierung zur Keilschrift umformen, deren Grundzeichen vermittels eines dreikantigen Schreibstifts in weichen Ton eingedrückt werden. In kriegerischer Auseinandersetzung mit den immer weiter vordringenden semitischen Akkadern (seit 2500) mehr und mehr zurückgedrängt und seit 2000 fast völlig entmachtet, behalten die Sumerer trotzdem die kulturelle Führung. Ihre Schrift dient jetzt teils ideographisch (als Bilderschrift), teils syllabisch (als Silbenschrift) zur Darstellung des flektierenden Akkadischen. Das Zahlensystem der uns vorliegenden Texte beruht auf der reihenden Nebeneinanderstellung von keilförmigen Einern (𒁹) und hakenförmigen Zehnern (𒌋), mittels derer die Zahlen von 1 bis 59 dargestellt werden. Die Zahl 60 wird wieder durch (𒁹) bezeichnet, das Weitere rein positionell in einem Sexagesimalsystem ausgedrückt, worin jedoch der Stellenwert der einzelnen Ziffern nicht festgelegt wird. Ein inneres Lückenzeichen ist erst seit etwa 600 verbürgt. Für die Brüche $^1/_2$, $^1/_3$, $^2/_3$ und $^5/_6$ sind eigene Zahlwörter und Individualzeichen vorhanden. Das System ist wohl durch Verbindung der älteren zum Teil rein dezimalen (semitischen) Maß-, Gewichts- und Münzbezeichnungen mit einer Zwölferteilung entstanden. In ihm wird die Addition durch Reihung, die Subtraktion durch ein eigenes Zeichen angedeutet, das auch zur Darstellung von Zahlen unterhalb größerer Rundzahlen Verwendung findet. In astronomischen Texten stehen Angaben, die als Gegenüberstellung positiver und negativer Zahlen gedeutet werden können. Wahrscheinlich dient ein Rechenbrett zum Festhalten von Hilfsergebnissen.

In Reziprokentabellen werden alle sich zu 60 (oder einer Potenz davon) ergänzenden ganzzahligen Faktorpaare zusammengestellt und um die Anfangswerte $^1/_2$ und $^2/_3$ vermehrt. Später (3. Jahrh.) finden sich ausgedehnte Tafeln, die durch systematisch fortgesetzte Teilung mit 2, 3 und 5 aus der Normaltabelle (Aufzählung aller ganzen Faktoren unter 60, die Teiler von 60^n sein können) hervorgehen. Dazu treten Multiplikationstabellen, worin die einstelligen Zahlen und reinen Zehner unter 60 mit den ersten 20 Zahlen und den nachfolgenden Zehnern vervielfacht werden; dies dient auch zur Vervielfachung von Stammbrüchen. Da die Einheit im Positionssystem unbestimmt ist, läßt sich das (ausschließlich verwendete) Rechnen mit sexagesimal aufgehenden Brüchen völlig in ganzen Zahlen ausführen. Innerhalb dieses Bereiches sind sich die Babylonier über das Wesen des allgemeinen Bruches klar. Sie besitzen weiterhin Tabellen von Quadratzahlen, von aufgehenden Quadrat- und Kubikwurzeln (Grundzahlen 9, 16, 100, 225), von aufgehenden Bruchpotenzen (Grundzahl 16) und von Hochzahlen der ersten Zweierpotenzen, ferner von $n^3 + n^2$. Außerdem gibt es Tafeln rechtwinkliger Pythagoreischer Dreiecke, die vermittels der Reziprokentafeln aus $x = \frac{1}{2}(t - 1/t)$, $y = 1$, $z = \frac{1}{2}(t + 1/t)$ konstruiert werden, unter t eine *reguläre* Zahl (hat nur Primteiler 2, 3, 5) oder den Quotienten $u : v$ zweier regulärer Zahlen verstanden (der nach Übergang zu passenden sexagesimalen Untereinheiten wiederum regulär wird). In diesem Fall ist die Konstruktionsvorschrift gleichwertig mit $x = u^2 - v^2$, $y = 2uv$, $z = u^2 + v^2$. Dazu treten reguläre Näherungswerte für reziproke Irregulärzahlen. Da die direkte Berechnung der Kehrwerte von $2^n \cdot 5^3$ für größere ganze n unhandlich ist, wird sie nach Wahl passender Zahlen a, b vermittels der Formel: $\frac{1}{a+b} = \frac{1}{a} : \left(\frac{1}{a} \cdot b + 1\right)$ verkürzt.

Großen Raum nehmen Aufgaben aus dem praktischen Leben ein. Hier erscheint der Schluß von der Einheit auf die Mehrheit und seine Umkehrung, außerdem eine Fülle spezieller Methoden zur Behandlung eingekleideter und auch rein arithmetischer Aufgaben. Zu ihrer Lösung dienen einerseits Tabellen, andererseits heuristische Verfahren, ferner der falsche Ansatz (Bestimmung kennzeichnender Proportionalitätsfaktoren) und die Einführung von Hilfsunbekannten. Infolge der eigenartigen ideographischen Bezeichnungen sind die Rechenanweisungen sprachlich beinahe unübersetzbar und zeigen daher gewisse Verwandtschaft mit der formelmäßigen algebraischen Wiedergabe. Behandelt werden lineare Gleichungen mit einer und mehreren Unbekannten, ferner quadratische Gleichungen mit einer Unbekannten, bei denen im Fall einer einzigen positiven Lösung die quadratische Ergänzung auftritt, während im Fall von zwei positiven Lösungen auf das System $x + y = a$, $xy = b$ reduziert wird. Sehr häufig sind quadratische Probleme mit zwei oder mehreren Unbekannten. Bei der Lösung spielt die immer wiederkehrende Identität

$$(x + y)^2 = (x - y)^2 + 4xy$$

eine große Rolle. Hierher gehört auch das isoliert auftretende unbestimmte Problem $x^2 + 22^1/_2 = y^2$ (Lösung: $x = 2^1/_4$, $y = 5^1/_4$), ohne Herleitung, wohl durch

Hinzunahme von $y = x + 3$ behandelt. Kubische Gleichungen werden auf die Tabelle $x^3 + x^2 = a$ reduziert, Beispiele für höhere Gleichungen lassen sich auf quadratische zurückführen. Arithmetische Reihen werden im Zusammenhang mit Verteilungsaufgaben auf Grund geometrischer Hilfsbetrachtungen summiert; Entsprechendes gilt auch für die Quadratsummenformel

$$\sum_{k=1}^{n} k^2 = \frac{1}{3}(1 + 2n) \cdot \sum_{k=1}^{n} k$$

und für die Konstruktion geometrischer Folgen. Außerdem werden Zinseszinsaufgaben (Jahreszins 20%) gelöst; ferner findet sich eine interessante Amortisationsaufgabe.

Die zahlreichen Flächenberechnungen (Quadrat, Rechteck, rechtwinkliges und gleichschenkliges Dreieck, Trapez, allgemeines Viereck usw.) sind aus der Praxis des Feldmessers hervorgegangen, die Bestimmung von Rauminhalten (Würfel, Quader, Prisma, Damm, Graben) aus der des Bautechnikers. Die Neigung von Seitenflächen gegen die waagerechte Grundfläche wird aus dem Rücksprung bei fester Höhe bestimmt, der Rauminhalt des (geraden quadratischen) Pyramidenstumpfs mit der Grundkante a, der Deckkante b und der Höhe h gemäß

$$h\left\{\left(\frac{a+b}{2}\right)^2 + \frac{1}{3}\left(\frac{a-b}{2}\right)^2\right\}.$$

Erst aus den Texten von Susa geht hervor, daß die Babylonier auch hohe t h e o r e t i s c h e Kenntnisse auf geometrischem Gebiet besaßen. Zwar fehlt ihnen eine

Fachbezeichnung für den Winkel, aber sie können Waagerechte und Senkrechte benennen und konstruieren, wissen um die rationale Vergrößerung und Verkleinerung von Figuren (Ähnlichkeitsmaßstab an Strecken und Flächen), kennen den Satz vom Ergänzungsparallelogramm an der Rechtecksfigur und den (hieraus herleitbaren) PYTHAGOREISCHEN Lehrsatz; ferner drücken sie die Diagonale d eines gleichschenkligen Trapezes (Schenkel a, Parallelseiten b, c) unter Verwendung des PYTHAGOREISCHEN Lehrsatzes vermittels $d^2 = a^2 + bc$ aus. Dieser *Trapezsatz* ist gleichwertig mit dem Cosinussatz der ebenen Trigonometrie und erlaubt den Aufbau einer winkelfreien Geometrie, die das ganze Gebiet der Elementargeometrie (mit Zirkel und Lineal) umfaßt. Dabei treten an Stelle der Proportionensätze Produktbeziehungen, die aus dem Satz vom Ergänzungsparallelogramm folgen.

Sind a, b ($a > b$) die in regulären Zahlen gemessenen Seiten eines Rechtecks mit der Diagonalen d, dann ist

$$a + \frac{b^2}{2a+b} < d < a + \frac{b^2}{2a}$$

und

$$d - \frac{b^2}{2d-b} < a < d - \frac{b^2}{2d}.$$

Diese Ungleichungen werden schrittweise zur Annäherung von $d = \sqrt{a^2 + b^2}$ und $a = \sqrt{d^2 - b^2}$ durch rationale Zahlen verwendet. Die obere Schranke kann auch als arithmetisches Mittel von a und d^2/a bzw. von d und a^2/d aufgefaßt werden und läßt sich daher für reguläre a bzw. d vermittels der Reziprokentafel verhältnismäßig einfach berechnen. Das Ergebnis zeigt Verwandtschaft mit der Konstruktion PYTHAGOREISCHER Zahlen aus regulären Hilfszahlen t. Die Parallele b zu den Parallelseiten a, c eines rechtwinkligen Trapezes, die dessen Fläche halbiert, folgt aus

$$b^2 = \frac{1}{2}(a^2 + c^2) = \left(\frac{a+c}{2}\right)^2 + \left(\frac{a-c}{2}\right)^2.$$

Aus PYTHAGOREISCHEN Zahlentripeln werden a, b, c sogar ganzzahlig hergestellt. Außerdem werden vermittels

$$x^2 + y^2 = \left(\frac{3x+4y}{5}\right)^2 + \left(\frac{4x-3y}{5}\right)^2$$ aus einem bekannten PYTHAGOREISCHEN Zahlentripel neue gewonnen, die nicht durch reguläre Hilfszahlen t herstellbar sind.

Höhepunkt ist die Anwendung des Trapezsatzes zur Herstellung kennzeichnender Gleichungen für regelmäßige Vielecke, erschließbar aus den Näherungswerten für die Halbmesser der ein- und umbeschriebenen Kreise und der Fläche aus der gegebenen Seite 1 am Fünf-, Sechs- und Siebeneck. Mit diesen Näherungswerten hängt wohl auch der Näherungswert $\pi = 3^1/_8$ zusammen, der neben dem viel ungenaueren $\pi = 3$ auftritt. Ferner wird der Segmentpfeil am Kreis aus dem Durchmesser und der abschließenden Sehne bestimmt, außerdem die Fläche des Sektors eines konzentrischen Kreisrings (Brunnenaufgabe), der Rauminhalt des Zylinders und des Kegelstumpfs, schließlich der anschaulich leicht ermittelbare Inhalt von Figuren, die aus Kreisbögen in verschiedener Lage zusammengesetzt sind.

Wir haben die mathematischen Leistungen einer wohlausgebildeten und anscheinend weitverzweigten

Schule vor uns, der es keineswegs an tieferen Einsichten fehlt. Ihre Meister können wir noch nicht beim Namen nennen; ihr Wissen ist bisher nur aus Aufgabensammlungen und gelegentlichen rezeptartigen Anweisungen bekannt, beides wohl auf die damals übliche Form der Unterweisung der höheren Verwaltungsbeamten abgestellt. Das reichhaltige Material gibt uns einen interessanten Einblick in die formale Höhe der babylonischen Mathematik, die in Berührung mit den Nachbarvölkern (Ägyptern, Griechen, Indern) anregend weitergewirkt hat.

Zur babylonischen Mathematik

O. Neugebauer: *Mathematische Keilschrifttexte*, Berlin 1934/37 in Quellen u. Studien A 3.
O. Neugebauer-A. Sachs: *Mathematical cuneiform texts*, New Haven 1945.
Textes mathématiques de Suse, ed. E. M. Bruins-M. Rutten, Paris 1961.
O. Neugebauer: *Vorgriechische Mathematik*, Berlin 1934.
A. Rey: *La science Orientale avant les Grecs*, Paris 1942.
E. M. Bruins: *Fontes matheseos*, Leiden 1953.
K. Vogel: *Vorgriechische Mathematik II: D. Mathematik d. Babylonier*, Hannover/Paderborn 1959.
F. Thureau-Dangin: *Textes mathématiques Babyloniens*, Leiden 1938.
F. Thureau-Dangin: *Esquisse d'une histoire du système sexagesimal*, Paris 1932, engl. von S. Gandz in Osiris 7, 1939.
B. L. van der Waerden: *Ontwakende wetenschap*, Groningen 1950, engl. Groningen 1954, [2]New York 1961, dtsch. Basel/Stuttgart 1956, russ. Moskau 1959.
O. Neugebauer: *The exact sciences in antiquity*, Kopenhagen 1951, [2]Providence, R. I. 1957.

Zur Kulturgeschichte Mesopotamiens

C. Bezold: *Ninive und Babylon*, Bielefeld/Leipzig [4]1926.
E. Ebeling-B. Meißner: *Reallexikon der Assyriologie*, Berlin, seit 1928.
A. Jeremias: *Handbuch der altorientalischen Geisteskultur*, Berlin [2]1929.
Ch. Fossey: *Manuel d'Assyriologie*, Paris 1904, [2]1926.
B. Meißner: *Babylonien und Assyrien*, Heidelberg 1921/25.
M. L. Mallowan-J. Gr. Hose: *Prehistoric Assyria*, Oxford 1935.
G. R. Meyer: *Durch vier Jahrtausende altvorderasiatischer Kultur*, Staatl. Museen Berlin 1956.

3. Die Ägypter (2000—500)

Wir kennen aus ganz Ägypten eine sehr große Anzahl von Inschriften in der hieroglyphischen Bilderschrift (seit dem 4. Jahrtausend v. Chr.), deren Zeichen anfangs (größtenteils dreikonsonantige) Wörter, später nur mehr Buchstaben bedeuten und zur phonetischen (= lautbeschreibenden) Ergänzung der mehrkonsonantigen Wörter herangezogen werden. Häufig ist die Art des dargestellten Wortes durch ein am Ende stehendes Determinativ (= Begriffsbezeichnung) gekennzeichnet. Geschrieben werden nur die Konsonanten, so daß uns die Lautwerte der dem Semitischen nahestehenden Sprache unbekannt sind. Aus der nur repräsentativ verwendeten hieroglyphischen Darstellung, in der die Kalligraphie wichtiger als die Orthographie ist, hat sich (schon im 3. Jahrtausend) die vermittels eines gespaltenen Rohrs in Tusche auf Papyrus niedergeschriebene hieratische Kursive entwickelt, schließlich durch fortwährend weitergehende Abkürzung und Verschleifung die demotische. Die Einführung eines Kalenders unter Einteilung des Jahres in 12 Monate zu je 30 Tagen und Zuschaltung von 5 Festtagen und die Aufrichtung vollendet ausgeführter Kolossalbauten, wie der Pyramiden (seit etwa 2900 v. Chr.), lassen uns neben der hochentwickelten Technik auch gute mathematische Anlagen vermuten. Leider sind unsere diesbezüglichen Kenntnisse auf wenige Sammlungen von Musterbeispielen für die Praxis der höheren Verwaltungsbeamten beschränkt. Darunter sind besonders wichtig der *Moskauer Papyrus*, die *Lederrolle* und vor allem der *Papyrus Rhind*, von AHMÔSE im 17. Jahrhundert unter Rückverweis auf das 19. Jahrhundert geschrieben.

Das Zahlensystem der hieroglyphischen Texte wird rein dezimal auf reihender Grundlage dargeboten; in den Texten zur Zeit größter Machtentfaltung bilden sich Individualzeichen der Stufen bis zu 10^7, deren höchste mit dem Rückfall in kleinere Verhältnisse wieder verschwinden. Gerechnet wird mit unterstützenden Zahlgesten, die in die Terminologie eingedrungen sind; im Kopf ermittelte Ergebnisse werden auf dem Rechenbrett festgehalten, auf dem man wohl auch zu addieren und zu subtrahieren versteht. Multipliziert wird durch Verwendung fortgesetzter Verdoppelung unter Beiziehung von Verzehnfachungen, das Dividieren beruht auf der probenden Umkehrung des im einzelnen geschickt durchgeführten Multiplikationsverfahrens. Von den anfangs bestehenden Individualzeichen für $^1/_2$, $^1/_3$, $^2/_3$, $^1/_4$ und $^3/_4$ halten sich später nur die für $^1/_2$ und $^2/_3$; unmittelbar lassen sich nur Stammbrüche schreiben. Die übrigen Brüche sind „stumm"; sie werden als Stammbruchsummen dargestellt. Das Bruchrechnen gelingt unter Einführung gewisser Hilfszahlen, die mit dem Übergang zu Hauptnennern zusammenhängen; dabei wird — gemäß dem dyadischen Charakter der ägyptischen Multiplikation — die systematische Darstellung von $2/n$ als Stammbruchsumme in ganz bestimmter, tabellarisch festgehaltener konventioneller Form benutzt.

Die angeführten Beispielsammlungen beziehen sich auf Wirtschaftstexte, bei denen nach festen Regeln gerechnet wird; zumeist erscheint nach Feststellung des Ergebnisses eine probende Nachrechnung. Es handelt sich um eingekleidete lineare Aufgaben, um arithmetische und vielleicht auch um geometrische Reihen. Der Inhalt des quadratischen Pyramidenstumpfes erscheint in der Form $\frac{h}{3}(a^2 + ab + b^2)$; bei der Darstellung von Böschungen tritt wiederum der Rücksprung auf. Die Baumeister verwenden bei ihren

Entwürfen die Darstellung durch Risse und legen zu Einteilungszwecken quadratische Netze an. Für den Kreis ist die Näherung $\frac{\pi}{4} \approx \left(\frac{8}{9}\right)^2$ überliefert, vielleicht durch ausgleichende Umwandlung des Achtelkreises in ein gleichschenklig-rechtwinkliges Dreieck entstanden; der gewonnene Näherungswert wird auch zur Bestimmung des Inhaltes und der Oberfläche des Zylinders verwendet. Die ebenfalls auftretende babylonische Näherung $\pi \approx 3$ könnte auf dem Wege über Palästina nach Ägypten gekommen sein.

Ob man auf Grund des allzu geringen Materials ein abschließendes Bild über die ägyptische Mathematik gewinnen kann, steht dahin. Auch die Ägypter haben den allgemeinen Bruchbegriff erfaßt. Die formalen Ansätze sind nicht so geschickt entwickelt wie bei den Babyloniern, bei denen die sprachliche Überschiebung zur Einführung der ideographischen Darstellung drängte; die Art der probenden Rechnungswiederholung bei den Ägyptern zielt bereits in Richtung des beweisenden Verfahrens.

Zur ägyptischen Mathematik

Papyrus Rhind: Faksimile des *British Museum*, London 1898; auch deutsch ed. A. Eisenlohr, Leipzig 1877, [2]1891 (veraltet); ed. T. E. Peet, London 1923; ed. A. B. Chace, H. P. Manning, R. Cl Archibald, Oberlin (Ohio) 1927, 1929.

Moskauer Papyrus: ed. W. W. Struve-B. A. Turajeff, Berlin 1930 in Quellen und Studien A 1.

Lederrolle des *British Museum:* ed. S. R. K. Glanville, London 1927 im Journ. of Egypt. Archeol. 13.

O. Gillain: *L'arithmétique au Moyen Empire*, Brüssel 1927.

O. Neugebauer: *Die Grundlagen der ägyptischen Bruchrechnung*, Berlin 1926.

O. Neugebauer: *Vorgriechische Mathematik*, Berlin 1934.

Th. E. Peet: *Mathematics in ancient Egypt*, Manchester 1931.

A. Rey: *La science Orientale avant les Grecs*, Paris 1942.

K. Sethe: *Von Zahlen und Zahlworten bei den alten Ägyptern*, Straßburg 1916.

K. Vogel: *Die Grundlagen der ägyptischen Arithmetik*, München 1929.

K. Vogel: *Vorgriechische Mathematik* I: *Vorgeschichte u. Ägypten*, Hannover/Paderborn 1958.

B. L. van der Waerden: *Ontwakende wetenschap*, Groningen 1950 u. ö.

O. Neugebauer: *The exact sciences in antiquity*, Kopenhagen 1951 u. ö.

Zur Kulturgeschichte Ägyptens

J. H. Breasted: *Geschichte Ägyptens*, Wien ²1936.
A. Erman: *Die Literatur der Ägypter*, Leipzig 1923.
G. Möller: *Hieratische Paläographie*, Leipzig 1927.

4. Inder, Chinesen, Maya (3000—500)

Über die frühesten mathematischen Leistungen der INDER sind wir bisher nur sehr unvollkommen unterrichtet; vielleicht bringen die Ausgrabungen in Mohenjo-daro (Industal, etwa 3000 v. Chr.) neue Aufschlüsse. Greifbares enthalten erst die *Sulba-sûtras* (seit dem 8. Jahrh. v. Chr.) — rein praktisch gehaltene Anweisungen über Sakralgeometrie bei der Konstruktion von Opferaltären. Wir kennen nicht die Originale, sondern nur sehr späte kommentierte Ausgaben (um 300 n. Chr.). Sie enthalten über das Übliche hinaus geometrische Flächenverwandlungen vermittels des Satzes vom Ergänzungsparallelogramm, den PYTHAGOREISCHEN Lehrsatz, Beispiele für rationale rechtwinklige Dreiecke und die Vereinigung einer ungeraden Zahl gleicher Quadrate unter Benutzung von

$$n = \left(\frac{n+1}{2}\right)^2 - \left(\frac{n-1}{2}\right)^2.$$

Bei Ähnlichkeitsaufgaben treten rein quadratische Gleichungen auf, die auch im irrationalen Fall behandelt werden. Ergebnisse wie

$$\sqrt{2} \approx 1 + \frac{1}{3} + \frac{1}{3\cdot 4} - \frac{1}{3\cdot 4\cdot 34}$$

verraten uns die Methode: wiederholte Anwendung des babylonischen Verfahrens (geometrisch-arithmetische Mittelbildung). Die Kreisquadratur wird vermittels

$$\sqrt{\frac{\pi}{4}} \approx \frac{7}{8} + \frac{1}{8 \cdot 29} - \frac{1}{8 \cdot 29}\left(\frac{1}{6} - \frac{1}{6 \cdot 8}\right)$$

geleistet, die Quadratzirkulatur vermittels

$$\sqrt{\frac{4}{\pi}} \approx \frac{2+\sqrt{2}}{3}$$

(beides wiederhergestellt). In der *Problemstellung* ergeben sich manche gemeinsame Züge mit den Babyloniern, nicht aber in der *Ausführung*. Ob irgendwelche Zusammenhänge mit den Vorderasiaten und Ägyptern bestehen, ist bisher ungeklärt.

Unsicher sind auch unsere Kenntnisse vom frühesten mathematischen Wissen der CHINESEN. Schon um 1100 v. Chr. begegnet uns die Annäherung $\pi \approx 3$, das PYTHAGOREISCHE Dreieck 3, 4, 5, die Höhenbestimmung aus der Schattenlänge (Keimling der Trigonometrie), die Behandlung einfacher Bewegungsaufgaben, der falsche Ansatz zur Auflösung linearer Gleichungen und die Unterscheidung mehrerer Unbekannter durch Farben. Das 3^2-zellige magische Quadrat gehört ebenso wie die Kennzeichnung der 8 Himmelsrichtungen durch Kombination der Zeichen ——— (männlich) und — — (weiblich) zu Dreien in das Gebiet der in China wohlausgebildeten Zahlensymbolik. Auf das 6. Jahrh. wird die Zahlendarstellung durch Knotenschnüre und durch die sog. Bambusziffern (Einer: |, ||, |||, ||||, |||||, T, TT, TTT, TTTT; Zehner: —,

𝍪, 𝍫, 𝍬, 𝍭; 𝍮, 𝍯, 𝍰, 𝍱; Hunderter wie die Einer usw.) angesetzt.

Von den amerikanischen Hochkulturen der Frühzeit wissen wir fast nichts mehr; nur über das Zahlenschreibsystem der MAYA (3. Jahrtausend v. Chr.) sind wir unterrichtet. Die Zahlen unter 20 werden aus Punkten (Einer) und Strichen (Fünfer) zusammengesetzt; dann erscheint ein Positionssystem mit Nullzeichen, dessen Stufen $1, 20, 18 \cdot 20 = 360, 360 \cdot 20 = 7200$ usw. sind. Das System hängt zusammen mit der Einteilung des Jahres in 18 Monate zu je 20 Tagen, zu denen fünf als unheilbringend angesehene Schalttage hinzutreten. Dieses System ist mit einer Wocheneinteilung von je 13 Tagen kombiniert. Genauere Einzelheiten über die Art der Rechnungsführung stehen noch aus.

Die bisher geschilderte Gesamtlage läßt erkennen, daß hinter den geübten rein praktischen Methoden eine Fülle von theoretischen Möglichkeiten steht; diese entdeckt und dadurch die Mathematik zu einer echten Wissenschaft gemacht zu haben, ist das unvergängliche Verdienst der GRIECHEN.

Mohenjo-daro

E. Mackay: *The Indus civilization*, London 1935.
E. Mackay: *Excavations at Mohenjo-Daro*, Delhi 1938.
J. Marshall: *Mohenjo-Daro and the Indus civilization*, London 1931.

Indien

B. Datta: *The science of the Sulba*, Calcutta 1932.
B. Datta-A. N. Singh: *History of Hindu mathematics*, Lahore 1935, 1938 (nicht ganz zuverlässig).
G. R. Kaye: *Indian Mathematicse* Calcutta/Simla 1915 (zum Teil überholt).
G. Thibaut: *The Sulba-Sûtras*, Calcutta 1875 im Journ. Asiat. soc. Bengal. 44.

China

Y. Mikami: *The development of mathematics in China and Japan*, Leipzig 1913, Nachdruck New York 1962.

Maya

S. G. Morley: *An introduction to the study of the Maya-Hieroglyphs*, Washington 1915.

S. G. Morley: *The inscriptions of Petén*, Washington 1938.

S. G. Morley: *The civilization of Maya*, California (USA) 1946, spanisch v. A. Recinos, Mexico 1947.

H. J. Spinden: *Ancient civilizations of Mexico and Central America*, New York [3]1928.

J. E. Thompson: *Maya arithmetic*, Carnegie Inst. 528, Washington 1941.

L. Satterthwaite: *Concepts and structures of Maja calendrical arithmetics*, Philadelphia 1947.

II. Abschnitt

Die Griechen (etwa 800 v. bis 600 n. Chr.)

1. Anfänge mathematischen Denkens (800—400)

Über die ältesten mathematischen Kenntnisse der Griechen wissen wir fast nichts; fest steht, daß sie nirgends über das damals allgemein Übliche hinausgingen. Wie weit der Einfluß der Ägypter (über die kretisch-mykenische Kultur) und der Vorderasiaten (über die Pflanzstädte am Rande der Ägäis) reicht, ist noch ungeklärt.

Die Herodianischen Ziffern (dekadische Stufeneinheiten |, Δ, H, X, M in Verbindung mit den Fünferbündeln Γ, 𐅄, 𐅅 usw.) sind die Anfangsbuchstaben der zugehörigen Zahlworte. Sie treten uns auf attischen Inschriften des 6. bis 1. Jahrh. entgegen, werden reihend verwendet und dienen zur Kennzeichnung der Spalten am Rechenbrett. Seit dem 5. Jahrh. sind auch die Milesischen Buchstabenziffern nachweisbar: hier sind den $3 \cdot 9$ Einern, Zehnern und Hundertern die 24 gebräuchlichen Buchstaben des griechischen Alphabets unter Zwischenschaltung von 3 älteren Formen (Vau, Koppa, Sampi) zugeordnet. Später werden Tausender durch einen tiefgestellten Strich vor der Buchstabenziffer bezeichnet, Stammbrüche durch einen Akzent hinter dem Nenner; außerdem finden sich Individualzeichen für $^1/_2$ und $^2/_3$. Über das Rechnen mit diesen Zahlen sind wir aus gelegentlichen Beispielen in den nachklassischen Schriften, aus Papyrusfunden und aus byzantinischen Darstellungen des 13. und 14. Jahrh. unterrichtet.

Thales von Milet (624 ?—548 ?) war anscheinend mit der babylonischen Mathematik wohlvertraut. Ihm mag die zusätzliche Einführung des Winkelbegriffs gehören. Auch PYTHAGORAS von Samos (580 ?—500 ?) wird bedeutendes mathematisches Einzelwissen gehabt haben. Innerhalb der esoterischen Gemeinschaft der älteren PYTHAGOREER, einer aristokratisch eingestellten politisch-religiösen Vereinigung (Blütezeit um 500), finden wir neben phantasievollen Zahlenspekulationen auch die ersten Anfänge einer wissenschaftlichen Zahlenlehre: Die ganzen Zahlen werden in gerade und ungerade geschieden, Primzahlen und zusammengesetzte Zahlen treten auf, die Quadratzahlen werden als Summen der ersten aufeinanderfolgenden ungeraden Zahlen erkannt, die Dreieckzahlen als Summen der ersten aufeinanderfolgenden ganzen Zahlen. Die Einheit gilt noch nicht als Zahl, wohl aber als Quelle und Ursprung aller Zahlen, die durch wiederholtes Setzen der Einheit entstehen.

Die wissenschaftliche Mathematik beginnt wohl erst mit ANAXAGORAS von Klazomenai (500 ?—428 ?), der feststellt, daß es im Kleinen kein Kleinstes, sondern nur ein Kleineres gibt, und entsprechend im Großen. Im Fragment des HIPPOKRATES von Chios über die Quadratur der Kreismöndchen (440 ?) ist die Schlußweise bereits weitgehend systematisiert. Hinter den Einzelausführungen scheint das freilich nirgends klar ausgesprochene Zwischenwertprinzip zu stecken, wonach eine Eigenschaft — hier die Quadrierbarkeit der Kreismöndchen —, die für einige Sonderfälle feststeht, als allgemeingültig angesehen werden soll. Dies würde in gute Übereinstimmung mit der Auffassung des DEMOKRIT von Abdera (460 ?—370 ?) zu bringen sein, der den stofflichen Atomismus lehrte und den Inhalt der Pyramide und des Kegels (vielleicht durch Schichtenzerlegung) auffand, jedoch nicht streng erweisen konnte. DEMOKRIT, dem die allen Griechen gemeinsame Leidenschaft für Musikalisches Anreiz zu musiktheoretischen Studien wurde, mag den Wohlklang eines Tonintervalls in Beziehung gesetzt haben zu den in einfachsten ganzzahligen Verhältnissen stehenden Saitenlängen am steggeteilten Monochord. Diese Auffassung spiegelt die stark rationalistisch gefärbte Grundhaltung der damaligen Naturphilosophen wieder, die schließlich zur Überzeugung führt, die ganze Zahl lasse sich als das Maß aller Dinge ansehen. Sie kommt unter anderem im *Kanon* des POLYKLET von Sikyon (440 ?) zum Ausdruck, ebenso deutlich im etwas jüngeren Weltsystem des PHILOLAOS von Tarent († 390 ?) und der damit zusammenhängenden Lehre von der Sphärenharmonie, schließlich im Glauben an die periodische Wiederkehr alles Lebendigen (Seelenwanderung).

Quellenkunde

Real-Enzyklopädie der klassischen Altertumswissenschaft, ed. A. Pauly, Stuttgart [1]1839/52, [2]seit 1864; dann ed. G. Wissowa, Stuttgart seit 1894, weitergeführt von W. Kroll-K. Witte.

Einleitung in die Altertumswissenschaft, ed. A. Gercke-E. Norden, Leipzig/Berlin 1910/12, [2]1912/14, [3]und weitere Auflagen seit 1921.

Handbuch der klassischen Altertumswissenschaft, ed. I. Müller, Nördlingen/München, [1]seit 1885, [7]seit 1912.

Wissenschaft und Philosophie

P. Brunet-A. Mieli: *Histoire des sciences, Antiquité*, Paris 1935.

J. Burnet, *Early Greek philosophy*, London [1]1892, [2]1914, [3]1920, deutsch von E. Schenkl, Leipzig [2]1913.

F. Enriques-G. Santillana: *Storia del pensiero scientifico*, Bologna 1932.

W. A. Heidel: *The heroic age of science*, Baltimore 1933.

G. Loria: *Le scienze esatte nell' Antica Grecia*, Mailand 1895, [2]1914.

M. R. Cohen-J. E. Drabkin: *A source book in Greek science*, New York 1948.

A. Mieli: *La Scienza Greca*, Florenz 1916.

A. Rey: *La science grecque*, Paris 1933/46 (3 Bände).

Fr. Überweg: *Die Philosophie des Altertums*, Berlin [1]1862; ed. K. Praechter [10]1909, [11]1919, [12]1926.

Ed. Zeller: *Die Philosophie der Griechen*, [1]Tübingen 1844/52, [2]Tübingen/Leipzig 1859/68, [3]und weitere Auflagen Leipzig seit 1879; ed. W. Nestle, [6]1923. I_1 ital. v. R. Mondolfo, Florenz 1932.

Griechische Mathematik

Th. L. Heath: *A history of Greek mathematics*, Cambridge 1921 (2 Bände), verkürzt: *A manual of Greek mathematics*, Oxford 1931.
J. L. Heiberg: *Geschichte d. Math. u. Naturwissensch. im Altertum*, München 1925.
G. Loria: *Histoire des sciences mathématiques dans l'antiquité hellénique*, Paris 1929.
A. Rehm-K. Vogel: *Einleitung in die Altertumswissenschaft* II. 5: *Exakte Naturwissenschaften*, Leipzig/Berlin [4]1933.
K. Reidemeister: *Die Arithmetik der Griechen*, Leipzig/Berlin 1940.
O. Neugebauer: *The exact sciences in antiquity*, Kopenhagen 1951 u. ö.
K. Reidemeister: *Das exakte Denken der Griechen*, Hamburg 1949.
B. L. van der Waerden: *Ontwakende wetenschap*, Groningen 1950 u. ö.
A. Frajese: *La matematica nel mondo antico*, Rom 1951.
G. Hauser: *Geometrie d. Griechen v. Thales bis Euklid*, Luzern 1955.
P.-H. Michel: *De Pythagore à Euclide*, Paris 1950.
O. Becker: *D. math. Denken d. Antike*, Göttingen 1957.
I. Thomas: *Greek Mathematical Works* (gr.-engl.), London 1957.

Griechisches Rechnen

F. Hultsch: *Metrologicorum scriptorum reliquiae*, Leipzig 1864, 1866.
A. Nagl: *Die Rechentafel der Alten*, Wien 1914 (*Ak. d. Wiss., Phil.-hist. Kl.* 177).
K. Vogel: *Beiträge zur griechischen Logistik*, München 1936 (*Ak.d.Wiss., Math.-naturw. Abt.*).

Älteste griechische Mathematik

H. Diels: *Doxographi Graeci*, Berlin 1879.
H. Diels: *Die Fragmente der Vorsokratiker*, Berlin [1]1903, [2]1906, [3]1912, [4]1922, [5]1934, [6]1951/52; Deutsche Auswahl von W. Nestle, Jena 1908, [2]1922; von W. Capelle, Stuttgart, 1935, [2]1938, [3]1940, [4]1953.
K. F. Freeman: *The pre-Socratic Philosophers*, Oxford 1946, Nachdruck 1949.

2. Die arithmetica universalis (um 400 v. Chr.)

Jetzt wird im Kreis der unteritalischen PYTHAGOREER, als deren bedeutendster Vertreter ARCHYTAS von Tarent (428—365) gelten darf, eine auf die rationale Verhältnislehre gestützte *arithmetica universalis* aufgebaut, in der die drei Grundmedietäten (das arithmetische, das geometrische und das harmonische Mittel) die Hauptrolle spielen. Eine nicht unbedeutende Leistung ist die symmetrische Auflösung linearer Gleichungen mit mehreren Unbekannten durch THYMARIDAS von Paros (5. Jahrh.); quadratische Gleichungen werden vermittels der quadratischen Ergänzung behandelt, was babylonischen Einfluß vermuten läßt. Auf planimetrischem Gebiet ist die Lehre von den Parallelen und Winkeln, vom Dreieck, von der Flächengleichheit, von den Flächenverwandlungen, von den Winkeln am Kreise und von der Ähnlichkeit in den Hauptzügen bekannt und weitgehend systematisiert, wiewohl noch uneinheitlich und unausgeglichen dargestellt. Lehrbuchartig wird sie erstmals von HIPPOKRATES zusammengefaßt, der gegen Honorar Mathematikunterricht erteilt. Bei der Durchführung von Konstruktionen spielen außer Zirkel und Lineal die bewegungsgeometrischen Einschiebungen eine große Rolle. Sie werden wohl auch bei der ursprünglichen Konstruktion des regelmäßigen Sternfünfecks — des Bundesabzeichens der PYTHAGOREER — verwendet worden sein. Die Stereometrie steckt noch in den Kinderschuhen. Sie nimmt ihren Ausgang von den rein praktischen Problemen der Bühnendekoration (AGATHARCHOS, um 460) und wird durch Schriften zur Perspektive von ANAXAGORAS und DEMOKRIT gefördert. Die regelmäßigen Körper sind schon aus der Vorzeit als Schmuck- und Kultgegenstände bekannt, aber noch nicht theoretisch studiert.

Schon ANAXAGORAS hatte sich (um 434) mit der Kreisquadratur beschäftigt; ANTIPHON (um 430) nähert die Kreisfläche — ausgehend vom Quadrat — durch das System einbeschriebener regelmäßiger $4 \cdot 2^n$-Ecke an. BRYSON von Heraklea (um 410) benutzt auch die zugehörigen umbeschriebenen Vielecke; anscheinend hat er beim Existenzbeweis für ein zum Kreis flächengleiches Quadrat den Zwischenwertsatz verwendet. Die von HIPPOKRATES in Angriff genommene Quadratur vermittels der Möndchen bleibt ergebnislos. Zum Zweck der allgemeinen Winkelteilung führt der Sophist HIPPIAS von Elis (um 420) die Kurve $\frac{y}{a} = \frac{\varphi}{\pi/2}$ ein, mechanisch erzeugt als Schnitt einer gleichmäßig verschobenen Geraden mit einem sich gleichmäßig drehenden Fahrstrahl, und später von DEINOSTRATOS (um 350) zur Kreisquadratur herangezogen (daher der Name Quadratrix). Die Einschiebung zweier geometrischer Mittel wird von HIPPOKRATES auf $\frac{a}{x} = \frac{x}{y} = \frac{y}{b}$ zurückgeführt und von ARCHYTAS stereometrisch aus dem Durchschnitt des Zylinders $x^2 = \xi^2 + \eta^2 = b\xi$ mit dem Kegel $y^2 = \xi^2 + \eta^2 + \zeta^2 = b^2\xi^2/a^2$ und dem Kreiswulst $(\xi^2 + \eta^2 + \zeta^2)^2 = b^2(\xi^2 + \eta^2)$ gelöst.

Allgemeines

E. Frank: *Plato und die sog. Pythagoreer*, Halle 1923.
P.-H. Michel: *De Pythagore à Euclide*, Paris 1950.
H. Vogt: *Die Geometrie der Pythagoreer*, in Bibl. math. (3) 9, 1909.
O. Becker: *Grundlagen d. Math. in geschichtlicher Entwicklung*, Freiburg/München 1954.

3. Um das Irrationale (400—325)

Das mathematische Wissen der älteren PYTHAGOREER geht zwar inhaltlich nicht sehr weit über jenes der babylonischen Schule hinaus, enthält jedoch neuartige logische und systematische Ansätze. Von großer Bedeutung ist der an figürlichen Darstellungen der Dreiecks- und Quadratzahlen auftretende Schluß von n auf $n + 1$ und die wohl erst von den jüngeren (unteritalischen) PYTHAGOREERN verwendete Wechselwegnahme (Kettendivision) zur Bestimmung gemeinsamer Teiler von Zahlenpaaren. Es scheint, daß HIPPASOS von Metapont (um 450) das schon von den Babyloniern zur Kennzeichnung des regelmäßigen Fünfecks verwendete gleichschenklige Trapez durch Wechselwegnahme in ein kleineres verwandelt, dabei die Inkommensurabilität zwischen Seite und Diagonale des Fünfecks bemerkt und die zugehörige Gleichung $y^2 = x(x + y)$ zur Kennzeichnung des „goldenen Schnittes" aufgestellt hat, also Entdecker der *descente infinie* ist. Sein Auftreten führt zur Spaltung zwischen der streng auf die Worte des Meisters eingeschworenen älteren Richtung und den nach weiteren mathematischen Erkenntnissen strebenden Neuerern.

Diese finden auf Grund von Spezialfällen einen allgemeinen Beweis für den Quadratensatz am rechtwinkligen Dreieck (sog. PYTHAGOREISCHER Lehrsatz) und seine Verallgemeinerung auf das schiefwinklige Dreieck (gleichwertig mit dem babylonischen Trapezsatz) und stellen in Weiterführung des babylonischen Verfahrens die durch $(n^2 - 1) : 2, n, (n^2 + 1) : 2$ (n ungerade) gekennzeichneten rechtwinkligen Dreiecke mit ganzen Seitenverhältnissen auf. Die Hoffnung, auf solche Weise jedes rechtwinklige Dreieck „rationalisieren" zu können, erweist sich als trügerisch. Zwar läßt sich das Verhältnis $\sqrt{2} : 1$ zwischen Diagonale und Seite eines Quadrats durch die Brüche $^1/_1$, $^3/_2$, $^7/_5$, $^{17}/_{12}$ usw. alternierend immer genauer annähern, deren erzeugende Zahlen aus der geometrisch leicht erweisbaren Identität $2x^2 - y^2 = (2x + y)^2 - 2(x + y)^2 = \ldots$ folgen, aber man kommt auch bei fortwährender Vergrößerung dieser Zahlen nie zum genauen Wert. Schließlich erkennt man durch Umkehren des eingeschlagenen Verfahrens und vermittels einer Wechselwegnahme, daß auch dieses Verhältnis irrational ist.

PLATON berichtet, THEODOROS von Kyrene habe ihm (vor 399) die Irrationalität von $\sqrt{3}$ bis $\sqrt{17}$ durch geometrisierende Schlüsse dargetan. Auch hier muß es sich um die Verwendung einer Wechselwegnahme gehandelt haben. Jetzt bemächtigen sich die Mathematiker der indirekten Schlußweise, die schon ZENON von Elea (490 ?—430 ?) angewendet hatte, um die landläufigen Ansichten vom Wesen des Raumes, der Zeit und vor allem der Bewegung durch scharfsinnige Trugschlüsse in Frage zu stellen.

Mit dem Nachweis für die Existenz irrationaler Streckenverhältnisse ist die *arithmetica universalis* zerbrochen. Der geniale EUDOXOS von Knidos (408 ? bis 355 ?) vermag jedoch (um 370) unter Vertiefung der Vorstellungen des ANAXAGORAS eine kunstvolle geometrische Größenlehre aufzubauen, in der die alte als Spezialfall enthalten ist. Er geht aus vom Axiom des Messens (zwei Größen können nur dann ins Verhältnis treten, wenn die kleinere von ihnen durch Vervielfachen größer gemacht werden kann als die größere) und definiert die Gleichheit zweier Verhältnisse $a:b$ und $c:d$ indirekt, indem er fordert, daß sich nach Wahl zweier beliebiger teilerfremder Zahlen m, n aus $ma \lesseqgtr nb$ immer auch $mc \lesseqgtr nd$ folgern läßt. Einer ähnlichen Schlußweise bedient sich EUDOXOS auch dort, wo die früheren Mathematiker nur durch eine unzulängliche Infinitesimalbetrachtung zum Ziel gekommen waren. Als kennzeichnendes Beispiel sei die (in EUKLID, *Elemente* XII, 2 überlieferte) Proportionalität der Kreisfläche f zum Durchmesserquadrat d^2 angedeutet. Werden den entsprechenden Kreisen f, f' die zueinander ähnlichen regelmäßigen Vielecke $f_n < f$ bzw. $f'_n < f'$ einbeschrieben, so ist $f_n : f'_n = d^2 : d'^2$. Wäre f nicht zu d^2 proportional, sondern z. B. $f_n : f'_n = (f - \varepsilon) : f'$, unter ε eine (f_4 nicht übertreffende)

Fläche verstanden, dann könnte man durch hinreichendes Verdoppeln der Eckenzahl erreichen, daß $f_n > f - \varepsilon$, daß also $f'_n > f'$ wäre, wider die Ausgangskonstruktion. Entsprechend kann auch die Annahme

$$f_n : f'_n = f : (f' - \varepsilon')$$

widerlegt werden; also verbleibt nur die Möglichkeit $f : f' = f_n : f'_n = d^2 : d'^2$. Auf entsprechende Weise zeigt EUDOXOS die Proportionalität des Kugelinhaltes zum Durchmesserwürfel und die Richtigkeit der DEMOKRITISCHEN Inhaltsbestimmung von Pyramide und Kegel. Zur Einschiebung zweier geometrischer Mittel verwendet er (nicht näher bestimmbare) höhere Kurven und vielleicht jene bewegungsgeometrische Konstruktion mittels zweier rechter Winkel, die als „PLATONISCH" überliefert wird. Das Problem der scheinbaren Planetenbewegung führt ihn auf die Schnittkurve eines Zylinders $x^2 + y^2 = a x$ mit einer berührenden Kugel $x^2 + y^2 + z^2 = b x$. Er soll das erste Lehrbuch der Stereometrie verfaßt haben.

An der ganzen Entwicklung nimmt PLATON (427 bis 347 ?) zumindest seit seiner ersten Reise nach Italien und Sizilien (388/87), die ihn in persönliche Berührung mit ARCHYTAS bringt, lebhaften Anteil. PLATON gibt die Lehre vom Irrationalen an THEAETET (415 ?—368) weiter, der in tiefgehender Einzeluntersuchung die zusammengesetzten quadratischen Irrationalitäten studiert und auf die Beziehungen zwischen den fünf regelmäßigen Körpern und den Radien ihrer umbeschriebenen Kugeln anwendet (um 380). PLATON ist keineswegs Fachmathematiker, und was ihm an Einzelleistungen zugeschrieben wird — wie die Darstellung ganzzahliger rechtwinkliger Dreiecke aus $2n$, $n^2 - 1$, $n^2 + 1$ (n gerade) —, ist für die Gesamtentwicklung belanglos.

Entscheidend ist jedoch seine tiefgehende Vorliebe für mathematisierende Schlußweisen: Ihr entspringt die Forderung nach gediegener allgemeiner mathematischer Vorbildung vor Beginn der eigentlichen philosophischen Unterweisung. PLATON kennt die Unvollkommenheiten im bisherigen Aufbau der Mathematik und erstrebt eine strenge logische Systematik, die ihn schließlich zur Aufstellung von Definitionen und Axiomen, zum Aufbau der direkten und indirekten Schlußweise und zur Forderung nach sorgfältiger Fallunterscheidung bei Konstruktionsaufgaben führt. Auch die Beschränkung der Konstruktionsmittel auf Zirkel und Lineal soll von ihm angeregt worden sein. Die von LEON (um 370) zusammengestellten (verlorenen) *Elemente* sind unter seinem Einfluß entstanden; von der (ebenfalls verlorenen) Neubearbeitung durch THEUDIOS von Magnesia (um 340) wird die geschickte Zusammenfassung zahlreicher Einzelfragen gerühmt.

Zu den PLATONIKERN gehören auch die Brüder MENAICHMOS und DEINOSTRATOS (um 350), im Mathematischen vorzugsweise Schüler des EUDOXOS. MENAICHMOS ist der Entdecker der gleichseitigen Hyperbel und der Parabel, die er als „körperliche" geometrische Örter (im Gegensatz zu den „ebenen": Gerade und Kreis) auf Grund der Beziehungen $xy = ab$ und $y^2 = bx$ einführt und zur Einschiebung zweier geometrischer Mittel verwendet. Als ebene Schnitte eines Kreiskegels (und zwar senkrecht zu einer Erzeugenden, so daß man von den Schnitten des spitzen, des rechten und des stumpfen Kegels spricht) erscheinen die Kegelschnitte erst bei dem etwas jüngeren ARISTAIOS (um 330), dem Verfasser einer umfangreichen Schrift über körperliche Örter und einer andern über die regelmäßigen Körper (beide verloren).

ARISTOTELES von Stagira (384—322) ist gleich PLATON an den mathematischen Kernfragen interessiert, steht aber der Tagesforschung ferner. Vielleicht ist der von ihm so häufig erwähnte Irrationalitätsbeweis für $\sqrt{2}$ vermittels des Widerspruchs von Gerade und Ungerade seine eigene Leistung. Seine Logik ist ganz auf mathematisierende Schlüsse gestützt. Sehr viel von dem, was wir heute über die voreuklidische Mathematik wissen, verdanken wir den zahlreichen Andeutungen bei ARISTOTELES über die gleichzeitige Elementarmathematik und den hierdurch veranlaßten weitergehenden Einzelausführungen der späteren Kommentatoren, unter denen insbesondere ALEXANDER von Aphrodisias (um 200 n. Chr.), PORPHYRIOS von Tyros (232?—305?), THEMISTIOS (317?—387), JOH. PHILOPONOS (6. Jahrh.) und SIMPLIKIOS (um 530) genannt werden müssen. Die ARISTOTELISCHE Bemerkung, Gerades lasse sich grundsätzlich nicht mit Krummlinigem vergleichen, entwickelt sich bei seinen Erklärern, worunter vor allem AVERROËS (1126 bis 1198) erwähnt sei, zu einem regelrechten Dogma, das bis ins 17. Jahrh. wirksam ist und die allgemeine Kurvenrektifikation als unmöglich erscheinen läßt.

Bei den Schülern des ARISTOTELES tritt das mathematische Interesse gegenüber dem enzyklopädischen zurück; wir haben jedoch auf die (leider nur in Bruchstücken erhaltene) Geschichte der Mathematik von EUDEMOS von Rhodos (um 335) zu verweisen.

Allgemeines

E. Frank: *Plato und die sog. Pythagoreer*, Halle 1923.
H. Hasse-H. Scholz: *Die Grundlagenkrisis der Griechischen Mathematik*, Berlin-Charlottenburg 1928.
E. Sachs: *Die fünf Platonischen Körper*, Berlin 1917.
J. Stenzel: *Zahl und Gestalt bei Platon und Aristoteles*, Leipzig 1924, [2]1933.
Nähere Literatur über die im Text genannten Persönlichkeiten wird im Namen- und Schriftenverzeichnis gegeben.

Zur Entdeckung des Irrationalen

G. Junge: *Wann haben die Griechen das Irrationale entdeckt?* Halle 1907.
K. v. Fritz: *The discovery of incommensurability by Hippasos of Metapontum*, Ann. of Math. 46, 1945.
S. Heller: *D. Entdeckung d. stetigen Teilung durch d. Pythagoreer*, Abh. d. Dtsch. Ak. d. Wiss. Berlin, Klasse f. Math., Physik u. Techn., Jhrgg. 1958, Nr. 6.
S. Heller: *Ein Beitrag zur Deutung d. Theodoros-Stelle in Platons Dialog „Theaetet"*, in Centaurus 5, 1956.

4. Euklid von Alexandria (365?—300?)

In EUKLID findet die bisherige Entwicklung ihren glanzvollen Abschluß, überdies leitet der Alexandriner auf mathematischem Gebiet eine neue Periode ein. Die *Elemente* (325?) — nicht etwa als ein elementares Einführungswerk, sondern als Lehrgang für reife Hörer anzusehen — verraten die Meisterhand des an der ARISTOTELISCHEN Logik geschulten Systematikers, der jedoch ganz auf dem Boden der PLATONISCHEN Ideenlehre steht. Der Stoff wird in 13 Büchern dargeboten, von denen die ersten 6 der Planimetrie, die nachfolgenden 3 der elementaren Zahlenlehre, das 10. der Theorie der Irrationalitäten und die verbleibenden 3 der Stereometrie gehören. Der Gegenstand wird rein theoretisch und ohne Bezugnahme auf praktische Berechnungs- oder Anwendungsmöglichkeiten abgehandelt. Am Anfang stehen Definitionen, Axiome und Postulate, dann folgt das Gefüge von Sätzen und Konstruktionen, ohne daß mit einem Wort auf die innere Zusammengehörigkeit der einzelnen Bestandteile oder auf die zugrunde liegende Absicht eingegangen wird. Der uns heute vorliegende Text stützt sich auf Handschriften, die nicht vor dem 7. nachchristlichen Jahrhundert gefertigt wurden und mit Bestimmtheit gegenüber dem Original zahlreiche Textveränderungen erfahren haben. Schon THEON von Alexandria (um 370 n. Chr.) sah sich zu einer weitgehenden Neuredigierung seiner stark verderbten Vorlagen genötigt. Dieser Fassung folgen alle erhaltenen griechischen Abschriften bis auf eine 1808 von FR. PEYRARD (1760—1822) wieder aufgefundene; die vortheonische Redaktion war jedoch auch den Arabern bekannt.

Die einleitenden Definitionen des I. Buches (wie etwa: Punkt ist, was keinen Teil hat) sind deskriptiv und nur im Zusammenhang mit den zeitgenössischen philosophischen Diskussionen verständlich. Die meisten andern sind Existenzforderungen bzw. Verbaldefinitionen. Die Postulate könnten ein wichtiger methodischer Zusatz von EUKLID selbst sein. Die ersten drei beschränken den Konstruktionsbereich auf die Verwendung von Zirkel und Lineal; das 4. von der Gleichheit aller rechten Winkel und das 5., das berühmte Parallelenpostulat, waren schon im Altertum (seit GEMINOS von Rhodos, etwa 75 v. Chr., PTOLEMAIOS, um 150 n. Chr., und PROKLOS, um 450) umstritten. Unter den Axiomen sollte das vom Ganzen und vom Teil später im Zusammenhang mit Infinitesimalbetrachtungen (Kontingenzwinkelfrage) Bedeutung erlangen. Im Satzgefüge, das mancherlei stillschweigend benutzte anschauliche Elemente enthält, wird die Bewegung möglichst vermieden (Einfluß der Kritik ZENONS).

EUKLID beginnt mit der Dreiecklehre, geht — erst jetzt vom Parallelenpostulat Gebrauch machend — zur Parallelenlehre über, fährt mit der Flächenvergleichung und dem Satz vom Ergänzungsparallelogramm fort und schließt mit dem PYTHAGOREISCHEN Satz und seiner Umkehrung. Der sachliche Inhalt des Satzgefüges gehört schon den PYTHAGOREERN; von EUKLID stammt die Anordnung, die Systematik und die allgemeine Beweisführung, so vor allem der Beweis des Quadratensatzes auf Grund des Kathetensatzes. Das Beste, was die Antike zu diesem Gegenstand zu sagen hatte, steht in dem eingehenden Kommentar des PROKLOS.

Das II. Buch enthält algebraische Umformungen wie die Ausrechnung von $a(b + c)$ oder $(a + b)^2$ in geometrischem Gewande. Dies dient der Auflösbarkeit der allgemeinen quadratischen Gleichung, die am Beispiel $x^2 = a(a - x)$ vorgeführt wird. Dazu tritt der erweiterte PYTHAGOREISCHE Lehrsatz und der Höhensatz. Im III. Buch wird die Kreislehre sehr geschickt abgehandelt; hervorzuheben ist der Satz vom Peripheriewinkel, der als Flächensatz formulierte und bewiesene Sehnen-, Sekanten- und Tangentensatz (ein Gegenstück zum babylonischen Trapezsatz) und die später lebhaft diskutierte Behauptung, der Kontingenzwinkel (zwischen Bogen und Tangente) sei kleiner als jeder mögliche geradlinige spitze Winkel. Im IV. Buch werden die einfachsten regelmäßigen Vielecke am Kreis konstruiert, dann das Fünfeck auf Grund der Konstruktion im 2. Buch und anschließend das regelmäßige 15-Eck. Das alles ist PYTHAGOREISCHES, größtenteils vorgriechisches Gedankengut. Es wird rein geometrisch und ohne die Anwendung von Proportionen behandelt, denen das wichtige V. Buch vorbehalten ist. Hier erscheint die Größenlehre des EUDOXOS, wahrscheinlich in enger Anlehnung an die Vorlage (schwerfällige Ausdrucksweise); den Abschluß bildet die Behandlung zusammengesetzter Verhältnisse (Multiplikation von Brüchen). Das VI. Buch enthält die Anwendung auf die Ähnlichkeitslehre der älteren Schule, die nunmehr einwandfrei und einheitlich wiedergegeben werden kann. Besonders wichtig ist die Behandlung der quadratischen Gleichungen durch Flächenanlegung (in Weiterführung von II, 4/6), die von APOLLONIOS (um 200) aufgenommen und neu gedeutet wird. Die Determination gibt Veranlassung zur Bestimmung des größten Parallelogramms unter allen umfangsgleichen mit den nämlichen Winkeln (VI, 27).

Die Bücher VII/IX enthalten die einfachsten Grundtatsachen der PYTHAGOREISCHEN Zahlenlehre, vor allem den sog. EUKLIDISCHEN Algorithmus der Wechselwegnahme zur Bestimmung des größten gemeinsamen Teilers, ferner die Ermittlung des kleinsten gemeinsamen Vielfachen. Dazu tritt der Nachweis für die Eindeutigkeit der Faktorenzerlegung in Primteiler (IX, 14), die Anwendung der Rechnungsarten 2. Stufe auf Potenzen und Wurzeln (VIII), die Summierung der endlichen geometrischen Reihe (IX, 35) und der Beweis für die (schon PLATON bekannte) Existenz unendlich vieler Primzahlen (IX, 20). Anschließend wird (IX, 21/34) die altpythagoreische Lehre vom Geraden und Ungeraden vorgeführt. IX, 36 enthält das Bildungsgesetz für gerade vollkommene Zahlen (wie $6 = 1 + 2 + 3 =$ Summe der Teiler): Ist $s_n = 2^n - 1$ Primzahl, so ist $2^{n-1}s_n$ vollkommen. Das umfangreiche X. Buch beruht auf den Vorarbeiten des THEAETET. Es setzt sich in weitausgreifender, durch die Einführung unzweckmäßiger Bezeichnungen schwer übersehbarer Untersuchung zum Ziel, den Typus der an den regelmäßigen Körpern auftretenden Irrationalitäten zu kennzeichnen und festzustellen, unter welchen Bedingungen die Wurzelschachtel in $\sqrt{a + \sqrt{b}}$ entbehrlich ist. Wie wir aus dem Kommentar des PAPPOS (um 320 n. Chr.) entnehmen, scheint APOLLONIOS bei Untersuchung der erweiterten Ausdrücke

$\sqrt{a+\sqrt{b}+\sqrt{c}}$ nicht wesentlich vorangekommen zu sein. Unter den vorausgeschickten allgemeinen Sätzen bei EUKLID ist X, 2 von Bedeutung: Größen sind inkommensurabel, wenn der für sie eingeleitete EUKLIDISCHE Algorithmus niemals endet. In einem Hilfssatz zu X, 29 ist die allgemeine Darstellung rationaler rechtwinkliger Dreiecke aus $2mn:(m^2-n^2):(m^2+n^2)$ enthalten.

Das XI. Buch gibt einiges über die gegenseitige Lage von Geraden und Ebenen, dann die wichtigsten Sätze von der körperlichen Ecke und schließlich die Lehre von den Parallelflachen. Im XII. Buch folgen die Inhaltsbestimmungen; zunächst die Proportionalität des Kreises zum Durchmesserquadrat (XII, 2) und die der Kugel zum Durchmesserkubus (XII, 18), dann die Beziehung zwischen dem Zylinder und dem einbeschriebenen geraden Kegel (XII, 10), alles nach der EUDOXISCHEN Manier bewiesen, jedoch in jedem Einzelfall neu angesetzt. Eine selbständige Leistung EUKLIDS ist die Inhaltsbestimmung der Pyramide (XII, 3/5) durch fortgesetzte Unterteilung in Prismenpaare, die — richtig zusammengefaßt — in geometrischer Reihe stehen. Buch XIII fußt auf den Studien des EUDOXOS über die stetige Teilung und der Untersuchung von THEAETET über die regelmäßigen Körper und der durch sie bestimmten Irrationalitäten. Es schließt mit dem Nachweis dafür, daß es genau 5 regelmäßige Körper gibt.

EUKLIDS Elemente sind trotz mancher Unebenheiten und Unvollkommenheiten ein erstklassiges Meisterwerk, das die früheren elementaren Zusammenfassungen vollständig verdrängt hat und seinen Kerngedanken nach erst durch die moderne Grundlagenforschung entscheidend ergänzt wurde. Sie werden vervollständigt durch die *Data* (ergänzende planimetrische Sätze als Einleitung zum Ausbau einer zweckmäßigen Analysis), die *Porismen* (verlorene Sätze vielleicht metrisch-projektiven Inhaltes), die *Figurenteilungen* (teilweise arabisch erhalten), die *Trugschlüsse* (verloren) und die *Phainomena* – eine Sphärik, bei der die ähnlich gearteten Untersuchungen von EUDOXOS (verloren) und AUTOLYKOS von Pitane (um 330) mitverwendet sind: eine vielbenutzte Überarbeitung stammt von THEODOSIOS (um 100 v. Chr.). Verloren sind die *Oberflächenörter* (Kurven auf Zylinder und Kegel ?) und 4 Bücher *Kegelschnitte*, worin vermutlich die Arbeiten des ARISTAIOS weitergeführt sind. In der *Optik* finden wir einiges zur Geodäsie und Perspektive.

Zur Entstehungsgeschichte der Elemente

K. v. Fritz: *D. Archai in d. griech. Math.*, Archiv f. Begriffsgeschichte 1, 1955.

Á. Szabó: *D. Anfänge d. Euklidischen Axiomensystems*, Archive f. hist. of exact sc. 1, 1960.

Á. Szabó: *D. älteste Versuch e. definitorisch-axiomatischen Begründung d. Math.*, Osiris 14, 1962.

5. Archimedes von Syrakus (287 ?–212)

ARCHIMEDES, der in reiferem Alter in Alexandria bei den Nachfolgern EUKLIDS studierte, hat kein zusammenfassendes Werk, sondern nur Einzelschriften mathematischen und mechanischen Inhaltes hinterlassen, die uns in der Ausgabe und teilweise auch mit den Kommentaren des EUTOKIOS (um 520 n. Chr.) vorliegen. Die ältesten sind dem alexandrinischen Astronomen KONON von Samos († um 240) gewidmet, der über Kegelschnitte schrieb, andere an dessen Nachfolger DOSITHEOS (um 240) gerichtet, die spätesten an ERATOSTHENES von Kyrene (276 ?–194 ?), der 235 zum Vorsteher der alexandrinischen Bibliothek bestellt wurde und ein sehr vielseitiger Gelehrter gewesen ist: auf mathematischem Gebiet wird ihm außer der Siebmethode zur Primzahlbestimmung auch eine mechanische Konstruktion zur Einschiebung zweier geometrischer Mittel zugeschrieben.

Ausgehend von (verlorenen) Studien über den Hebel, kommt ARCHIMEDES zu einer mechanischen und geometrischen *Parabelquadratur* (letztere mit Hilfe der unendlichen geometrischen Reihe $\frac{1}{4} + \left(\frac{1}{4}\right)^2 + \cdots$), bestimmt den Schwerpunkt des Dreiecks, der Pyramide, der Parabel und des Drehparaboloids, bringt Inhalt und Oberfläche der Kugel und ihrer Teile in Zusammenhang mit den entsprechenden Größen am umbeschriebenen Zylinder, gibt die Kreisnäherung $3^{10}/_{71} < \pi < 3^{10}/_{70}$ aus dem ein- und umbeschriebenen 96-Eck und studiert die nach ihm benannte *Spirale* $\frac{r}{a} = \frac{\varphi}{\alpha} = \frac{t}{T}$ auf Grund ihrer mechanischen Erzeugung. Er beweist die Flächensätze und summiert bei dieser Gelegenheit die aufeinanderfolgenden Quadratzahlen. Die Spiralentangente konstruiert er, indem er die Subtangente mit der Ausstreckung des Kreisbogens in Beziehung setzt. Das Buch über die Drehkörper zweiter Ordnung enthält viele interessante Einzelsätze über Kegelschnitte, darunter die Ellipsenquadratur; das eigentliche Ziel ist die Kubatur der Körper zweiter Ordnung und ihrer Teile. Das wird geleistet durch die jedesmal neu angewendete und raffiniert durchgeführte EUDOXISCHE Methode, mittels derer man zwar bereits bekannte Ergebnisse beweisen, jedoch nicht gut finden kann.

Wie ARCHIMEDES zu seinen neuen Sätzen gekommen ist, verrät er in der 1906 von J. L. HEIBERG wiederentdeckten *Methodenlehre*, die auf der Verwendung mechanischer Hilfsbetrachtungen beruht und sich nur in Äußerlichkeiten von der modernen Integralrechnung unterscheidet. Vorgeführt werden die wichtigsten der bisherigen Einzelergebnisse, dazu die Raumbestimmung des Zylinderhufs und des Kernkörpers zwischen zwei in einen Würfel beschriebenen Kreiszylindern. Aus arabischen Bearbeitungen wissen wir von den *Wahlsätzen*, worin die Quadratur kreisbogenförmig begrenzter Figuren und die Papierstreifenkonstruktion zur Dreiteilung des Winkels enthalten ist; ferner von der Konstruktion des *regelmäßigen Siebenecks*, die auf eine überraschende Flächengleichheit zurückgeführt wird. Bei dieser Gelegenheit gibt ARCHIMEDES die sog. HERONISCHE Dreiecksformel und die nach ihm benannte Prämisse — eine Beziehung am Kreise, die inhaltlich dem PTOLEMAEISCHEN Lehrsatz entspricht und den Aufbau der Sehnentrigonometrie gestattet, jedoch ein wenig umständlicher als mittels des Satzes von PTOLEMAIOS.

Die Abhandlung über die *halbregelmäßigen Körper* kennen wir nur dem Ergebnis nach, hingegen ist eine Studie über die Unbeschränktheit des Zahlensystems (die sog. *Sandrechnung*) erhalten. Ausgangspunkt ist die heliozentrische Hypothese des ARISTARCHOS (310 ? bis 230 ?), die jedoch aus physikalischen Gründen abgelehnt wird. Nur streifend sei die (verlorene) Arbeit des ARCHIMEDES über den *Brennspiegel* und die (erhaltene) Abhandlung über die *schwimmenden Körper* erwähnt, worin das nach ihm benannte Prinzip benutzt wird, ferner ein unter seinem Namen laufendes geometrisches *Legespiel* und das sog. *Rinderproblem*, bei dem die Bestimmung von 8 Unbekannten aus 7 unbestimmten quadratischen Gleichungen mit komplizierten Nebenbedingungen gefordert wird.

In der *Kreismessung* benutzt ARCHIMEDES anfangs sehr genaue Näherungen für $\sqrt{3}$, die sich auf Grund der geometrisch leicht begründbaren Ungleichung

$$\sqrt{\frac{a-x}{a+x}} < \frac{2a-x}{2a+x}$$

erklären lassen; für die weitere Berechnung bedient er sich der babylonischen Näherung $\sqrt{a^2 + B} < a + B/2a$. Wie es mit einer von HERON (um 100 n. Chr.) erwähnten Verfeinerung der ARCHIMEDISCHEN Kreismessung steht, die auf $\frac{35\cdot 312}{67\cdot 441} < \frac{\pi}{6} < \frac{32\cdot 647}{62\cdot 351}$ geführt haben soll, ist ungeklärt. Im ersten Buch über *Kugel und Zylinder* erscheint als Postulat, daß die Gerade die kürzeste Verbindungslinie zweier Punkte ist und daß bei konvexen Gebilden das Umfassende stets größer ist als das Umfaßte: jene Forderung, die bis gegen Ende des 19. Jahrh. als Grundvoraussetzung aller Rektifikationsbestimmungen angesehen wurde.

ARCHIMEDES erntete zwar allgemeine Bewunderung und galt schon zu seiner Zeit unbestritten als der erste Mathematiker der Antike, blieb jedoch ohne unmittelbare Nachfolger. Aufgenommen wurden seine Methoden von den fleißigen arabischen Übersetzern, weitergebildet und zur modernen Analysis ausgebaut von den großen Systematikern des Barock.

6. Apollonios von Perge (262 ?—190 ?)

APOLLONIOS ist nicht viel jünger als ARCHIMEDES und gleich diesem aus der Schule von Alexandria hervorgegangen, an der er später lehrte. Sein Hauptwerk, die *Conica*, sind in Alexandria entstanden, aber erst in Pergamon abgeschlossen, wo APOLLONIOS sein Mannesalter verbrachte. Die ersten 4 Bücher sind griechisch, 3 weitere arabisch erhalten, das VIII. Buch aus weitreichenden Angaben bei PAPPOS inhaltlich bekannt. Die Ergebnisse der ersten 4 Bücher, denen EUTOKIOS einen Kommentar beigegeben hat, gehören größtenteils den Vorgängern: MENAICHMOS (um 350), ARISTAIOS (um 330), EUKLID (um 320), KONON († um 240), ARCHIMEDES (um 240) und anderen; neu ist jedoch die vereinheitlichende Methode. Erst jetzt werden die Kegelschnitte als die Schnitte am nämlichen (geraden oder schrägen) Kreiskegel erzeugt und aus den auftretenden geometrischen Beziehungen diskutiert, die wir heute in Parallelkoordinaten aus der Scheitelgleichung $y^2 = rx\left(1 \pm \frac{x}{t}\right)$ entnehmen würden (r = *latus rectum*, t = *latus transversum*). Nun treten die Fachausdrücke Ellipse, Parabel und Hyperbel (aus zwei sich ergänzenden „Gegenschnitten" bestehend) auf, die mit der gleichwertigen EUKLIDISCHEN Anlegungsaufgabe (*Elemente* VI) zusammenhängen. Es folgt die Lehre von den konjugierten Durchmessern, den Tangenten, den Hyperbelasymptoten, den Beziehungen zwischen Pol und Polare und (in Erweiterung des Sehnen- und Sekantensatzes am Kreise) eine große Anzahl von Flächensätzen. Dazu tritt die projektive Erzeugung aus zwei Strahlenbüscheln, die Untersuchung der Brennpunkteigenschaften an den Mittelpunktkegelschnitten und der Schnittpunkte zweier Kegelschnitte unter Mitberücksichtigung gemeinsamer Berührpunkte (zahlreiche Fallunterscheidungen).

Das interessante V. Buch gehört der Theorie der Normalen, die jedoch nicht als Tangentenlote, sondern als die kürzesten Abstände eines laufenden Kurvenpunktes von einem festgegebenen Punkt eingeführt werden. Dabei erscheint die (schon von ARCHIMEDES benutzte) Konstanz der Parabelsubnormalen. APOLLONIOS stellt Sätze auf, die ihn dicht an die Evolutentheorie der Kegelschnitte heranführen. Im VI. Buch werden kongruente und ähnliche Kegelschnitte behandelt und als Schnitte in einen gegebenen Kegel eingepaßt, im VII. Buch zahlreiche spezielle Eigenschaften der konjugierten Durchmesser hergeleitet. Das VIII. Buch enthielt Konstruktionsaufgaben aus gegebenen Stücken (ohne Annahme des gezeichneten Kegelschnittes) mit sorgfältiger Determination.

Von den weiteren Schriften des APOLLONIOS sind nur die Verhältnisschnitte (in arabischer Übersetzung) erhalten; das Übrige ist uns zumeist nur aus den Andeutungen bei PAPPOS (um 320 n. Chr.) bekannt. Der *Verhältnisschnitt*, der *Raumschnitt* und der *bestimmte Schnitt* beziehen sich im wesentlichen auf die Eigenschaften projektiver Punktreihen, die *Einschiebungen* auf die mit Zirkel und Lineal konstruierbaren Teilprobleme dieser Art bei geradlinigen Führungskurven. In den *ebenen Örtern* werden geradlinige und kreisförmige Örter behandelt, wobei im Grunde schon Sätze aus der Inversionstheorie erscheinen. Hier wird der nach APOLLONIOS benannte, jedoch schon bei ARISTOTELES auftretende Kreis erwähnt. In den *Berührungen* sollen jene Kreise, welche drei gegebene Kreise oder ihre Ausartungen zu Punkten und Geraden berühren, mit Zirkel und Lineal konstruiert werden. Diese Abhandlungen haben später das größte Interesse der Mathematiker im Frühbarock gefunden.

Aus weiteren Erwähnungen wissen wir, daß APOLLONIOS die Einschiebung zweier geometrischer Mittel bewegungsgeometrisch und unter Verwendung von Kegelschnitten behandelt hat. Im *Schnellrechner* knüpft er an die Sandrechnung und die Kreismessung, in der Untersuchung über die *Schraubenlinien* an die Spiralenabhandlung, im *Brennspiegel* an die gleichnamige Studie des ARCHIMEDES wetteifernd an. Ferner verdankt man ihm zahlreiche methodische Beiträge elementaren Inhaltes; z. B. wird in der Arbeit über die *regelmäßigen Körper* gezeigt, daß sich die Oberflächen des regelmäßigen 12- und 20-Flaches in der nämlichen Kugel verhalten wie die zugehörigen Volumina. Dies wurde den EUKLIDISCHEN *Elementen* in Form einer Bearbeitung des HYPSIKLES von Alexandria (um 180 v. Chr.) als XIV. Buch angefügt.

Auch als Astronom hat APOLLONIOS Bedeutendes geleistet. Gleich ARCHIMEDES lehnt er die heliozentrische Hypothese des ARISTARCHOS von Samos (310 ? bis 230 ?) ab, die nur von dem Chaldäer SELEUKOS von Seleukia (um 150 v. Chr.) übernommen wurde. Seine Schöpfung ist die später von PTOLEMAIOS (um 150 n. Chr.) weiter ausgebaute Epizyklentheorie.

Was wir über die Arbeiten der Zeitgenossen und der nachfolgenden Generation (um 180) lesen — die Kissoide des DIOKLES, die Konchoide des NIKOMEDES (Zusammenhang mit den Einschiebungsaufgaben), die Kubatur des Kreiswulstes bei DIONYSODOROS und die Untersuchung der zugehörigen ebenen Schnitte bei PERSEUS, die Abhandlung eines Ungenannten über die Kugelspirale und die des ZENODOROS über umfanggleiche Figuren —, zeugt der allgemeinen Zielsetzung nach vom Einfluß des ARCHIMEDES und des APOLLONIOS, ist jedoch in den Einzelheiten nicht mehr gleichwertig. Im ganzen findet auch der Pergäer erst wieder bei den Muslimen Verständnis; das beginnende 17. Jahrh. wird im Ringen um die Methoden von APOLLONIOS zur Koordinatengeometrie geführt.

7. Untergang des Hellenismus, Römer (150 v. bis 150 n. Chr.)

Aus den nachfolgenden Jahrhunderten mit ihren fortwährenden politischen Wirren ist uns nur wenig Sicheres überliefert. In dieser Zeit hat sich im Zusammenhang mit astronomischen Studien eine *Sehnentrigonometrie* entwickelt. Schon ARISTARCH (um 270 v. Chr.) weiß, daß das Verhältnis zwischen Sehne und Bogen am nämlichen Kreis mit abnehmendem Bogen (kleiner als der Halbkreis) zunimmt; die Additionstheoreme für die Winkelfunktionen lassen sich vermittels der ARCHIMEDISCHEN Prämisse fast genau so einfach gewinnen wie mit dem PTOLEMAEISCHEN Lehrsatz. Dieser gehört vermutlich schon dem HIPPARCHOS von Nikaia (180 ?—125 ?), der zwischen 161 und 126 in Rhodos und Alexandria astronomische Beobachtungen anstellt. Er berechnet in Weiterbildung babylonischer Vorlagen eine (verlorene) Sehnentafel unter Verwendung der sexagesimalen Schreibweise; auch mit den einfachsten Aufgaben der praktischen Trigonometrie dürfte er bereits vertraut gewesen sein. Die Muslime schreiben ihm außerdem eine algebraische Schrift zu, worin vielleicht die quadratischen Gleichungen behandelt wurden.

Später als HIPPARCH ist HERON von Alexandria (um 75 n. Chr.) anzusetzen, ein vorzüglicher Mechaniker und Techniker, dessen Schriften und Vorlesungen in zahlreichen Fassungen und Überarbeitungen umliefen. HERON verbindet das Lehrgut altägyptischer und babylonischer Tradition geschickt mit den Ergebnissen des ARCHIMEDES, der von ihm häufig zitiert wird. Unter den theoretischen Schriften befindet sich ein wertvoller EUKLID-Kommentar, der z. T. aus arabischen Erwähnungen bekannt ist. Hier werden viele der indirekten Beweise EUKLIDS durch direkte ersetzt. Durch Umkehren des Satzes vom Ergänzungsparallelogramm kommt HERON zu einer Beziehung, die der Geradengleichung der analytischen Geometrie in Parallelkoordinaten entspricht. Mit ihrer Hilfe zeigt er z. B., daß sich die Hilfslinien des EUKLIDISCHEN Beweises für den PYTHAGOREISCHEN Lehrsatz genau in einem Punkt schneiden. In seinen für die Praktiker bestimmten Einführungen stehen Flächen- und Körperberechnungen — teils nach genauen Formeln, teils nach guten Näherungen —, darunter die sog. HERONISCHE Dreiecksformel mit Beweis, eine kurze Darstellung der ARCHIMEDISCHEN Methodenlehre unter Vorwegnahme des sog. CAVALIERISCHEN Prinzips (1635), die Methode des arithmetisch-geometrischen Mittels zur Annäherung von Quadratwurzeln und eine entsprechende für Kubikwurzeln. Bei Behandlung quadratischer Gleichungen wird — wohl unter babylonischem Einfluß — erstmals auf die Doppeldeutigkeit der (allein zugelassenen positiven) Lösungen hingewiesen. HERON ist auch auf feldmesserischem Gebiet wohlunterrichtet; das von ihm verwendete Instrument — die *dioptra* — ist ein vorzügliches Gerät. Die (sehr dürftigen) mathematischen

Schriften der römischen Feldmesser, der sog. AGRIMENSOREN (um 100 n. Chr.), sind fast ausschließlich aus HERON gezogen.

Die Trigonometrie wird weiter ausgebaut durch MENELAOS von Alexandria (um 100 n. Chr.), der in erster Linie sphärische Dreiecke unter Hinzufügen eines schneidenden Größtkreises vermittels der nach ihm benannten „Regel der 6 Stücke" behandelt. KLAUDIOS PTOLEMAIOS von Alexandria (85 ?—165 ?) gibt in seinem (von den Muslimen so genannten) *Almagest**), der für fast 15 Jahrhunderte vorbildlich gebliebenen Darstellung des geozentrischen Systems, die APOLLONISCHE Epizyklentheorie in erweiterter und verbesserter Form wieder. Was er an trigonometrischen Einzelheiten bringt, ist sachlich keineswegs neu, jedoch mit großem Geschick in methodisch straffer Form dargestellt. Die von ihm berechnete Sehnentafel (nach halben Graden fortschreitend) ist auf der sexagesimalen Unterteilung des Halbmessers aufgebaut und für die Interpolation der Minutenwerte eingerichtet. Das *Analemma* enthält die schon von den alten Ägyptern benutzte orthographische Projektion bei Behandlung astronomischer Aufgaben, das *Planisphaerium* die vielleicht von HIPPARCH stammende stereographische Projektion; die astrologische *Tetrabiblos* geht inhaltlich auf POSEIDONIOS von Apameia (135 ?—44 ?) zurück. Vor allem der Astrologie gilt das brennende Interesse der indischen, arabischen und mittelalterlichen Übersetzer.

---

*) Der griechische Buchtitel ἡ μεγάλη σύνταξις = die große Zusammenstellung wird übertrieben zu ἡ μεγίστη σύνταξις und durch Vorsetzen des arabischen Artikels *al* zu *Almagest.*

Die RÖMER haben keine ursprünglichen mathematischen Leistungen aufzuweisen. Ihr Ziffernsystem mit den Zehnerstufen I, X, C, CIↃ und den daraus durch Halbieren gewonnenen Fünferbündeln V, L, D ist altitalisch. Eigentümlich ist das auch im Zahlwort und im Kalender auftretende, jedoch nicht mit der Verzifferung übereinstimmende Rückzählen von einer Rundzahl her. Das Bruchrechnen, aus der Einteilung des *as* (Münze) in 12 *unciae* entstanden, beschränkt sich auf duodezimal erfaßbare Unterteile, für die sich durch Verschleifung erklärbare Zahlworte mit fühlbarem griechisch-unteritalischem Einfluß eingebürgert haben. Alles andere wird nur ganz roh angenähert. Selbst das tägliche Rechnen erfordert Rechenbrett und Hilfstafeln und gilt als sehr schwierig. Dieses primitive System hält sich zäh und überdauert sogar die Stürme der Völkerwanderung. Die rein praktisch eingestellten RÖMER behandeln nur Erbteilungsfragen, Zins- und Gesellschaftsrechnung. Selbst in den Anfängen der Geometrie sind sie unwissend, so daß zur großen Reichsvermessung unter AUGUSTUS (um 30 v. Chr.) alexandrinische Hilfskräfte beigezogen werden müssen.

8. Neupythagoreer und Neuplatoniker (150—600)

Erst in der späteren Kaiserzeit, da den eigentlichen Italikern die Führung entgleitet und das Reich unter tüchtigen Herrschern zu einer zweisprachigen kulturellen Einheit zusammenwächst, lebt die griechische Bildung langsam wieder auf, zunächst in den Kreisen der NEUPYTHAGOREER (100 v. Chr. bis 200 n. Chr.), die freilich zu großen Teilen in haltlosen Aberglauben verstrickt sind und angeblichen Wundermännern wie APOLLONIOS von Tyana (1. Jahrh. n. Chr.) zum Opfer fallen. Erst in dieser Epoche entwickelt sich die PYTHAGORAS-Legende, die es uns so schwer macht, Klarheit über die Anfänge der griechischen Wissenschaft zu gewinnen. Was NIKOMACHOS von Gerasa (um 100) als altpythagoreische Zahlenlehre vorbringt, ist größtenteils sehr viel später entstanden, so die Lehre von den überschießenden und mangelhaften Zahlen (Teilersumme $\gtrless$ Ausgangszahl), den befreundeten Zahlen (wie 220 und 228, jede Zahl Teilersumme der andern) und den Vieleckzahlen (erstmals bei HYPSIKLES, um 180 v. Chr.), ferner die Darstellung der Kubikzahlen als Summen aufeinanderfolgender ungerader Zahlen. Der etwas jüngere NEUPLATONIKER THEON von Smyrna (um 130 n. Chr.) fügt die daraus leicht entnehmbare Summe der ersten Kubikzahlen bei. Um die nämliche Zeit gibt SEXTOS EMPIRIKOS (um 150) eine streng monistische Darstellung der PYTHAGOREISCHEN Lehren (des POSEIDONIOS ?, um 70 v. Chr.), worin die genetische Erzeugung einer Linie durch das Fließen eines Punktes usw. eindringlich geschildert und zurückgewiesen wird.

Völlig anders geartet ist das bedeutende arithmetische Werk des DIOPHANTOS von Alexandria (um 250 n. Chr.), der ägyptisch-babylonische Tradition in ungriechischer Weise aufnimmt und fortführt. Er bietet in einer durch Einführung zweckmäßiger Abbreviaturen ziemlich stark algebraisierten Form interessante Beispiele, die uns lehren, daß er mit der Auflösung von linearen Gleichungen völlig vertraut ist. Bei Auftreten von mehreren Unbekannten hilft er sich durch Einführung einer zweckmäßig gewählten einzigen Unbekannten, bei quadratischen Gleichungen (hier entscheidende

Textlücken) wird auch im Fall zweier positiver Lösungen nur die eine (nämlich die größere) anerkannt. Seine volle formale Meisterschaft zeigt DIOPHANT bei der Behandlung quadratischer Gleichungen mit mehreren Unbekannten; gelegentlich wird sogar das sonst von den Griechen streng festgehaltene Dimensionsprinzip durchbrochen. Eigenartig und kunstvoll ist die Lösung unbestimmter Probleme 2. und höheren Grades, vor allem die Art, wie Ausdrücke zu Quadraten gemacht werden. Die Auflösungen werden zumeist in rationaler, selten in ganzzahliger Form gegeben. Die Muslime werden erst verhältnismäßig spät mit DIOPHANT bekannt und führen nur seine algebraischen Ansätze fort; im Frühbarock entsteht durch Weiterbildung DIOPHANTISCHER Gedankengänge einerseits die Buchstabenalgebra, andrerseits die moderne Zahlentheorie.

Im Kreis der alexandrinischen NEUPLATONIKER (250 bis 650) wird das Erbe der großen griechischen Mathematiker nochmals zusammengefaßt. PAPPOS von Alexandria (um 320) bietet in seinen *Collectiones* ein wertvolles Sammelwerk mit interessanten Auszügen aus erhaltenen und verlorenen Schriften von EUKLID, ARCHIMEDES und APOLLONIOS und vorzüglichen eigenen Zutaten, worunter die Sätze über projektive Gebilde, die Bemerkungen über die Extremwertbehandlung, der sog. GULDINSCHE Schwerpunktsatz an Drehkörpern und die Untersuchungen über die Quadratrix, die ARCHIMEDISCHE und die Kugel-Spirale sowie über die Schraubenflächen besonders hervorgehoben seien. Die meisten dieser Gegenstände werden zu Ansatzpunkten für die weiterführenden Methoden des 17. Jahrh. Aus dem Studium EUKLIDS stammt die nach PAPPOS benannte Verallgemeinerung des PYTHA-

GOREISCHEN Lehrsatzes. Der Kommentar zum *Almagest* ist nur teilweise erhalten.

THEON von Alexandria (um 370) führt dieses Werk weiter fort; wir verdanken ihm außerdem die bei der Verderbnis der damals vorliegenden Texte dringend notwendig gewordene Neuausgabe der EUKLIDISCHEN *Elemente*, bei deren Redaktion freilich epigonenhafte Einschiebsel von geringer Bedeutung hinzugekommen sind. THEONS Tochter HYPATIA (370 ?—415) hat auch APOLLONIOS und DIOPHANT kommentiert, doch ist nichts davon auf uns gekommen. Nur wenig älter dürfte SERENOS von Antinoia (um 400) sein, von dem wir eine Einzelschrift über die ebenen Schnitte des Zylinders und des Kegels kennen.

Unter den athenischen NEUPLATONIKERN haben wir DOMNINOS (um 450) mit Bemerkungen zu NIKOMACHOS, PROKLOS DIADOCHOS (410—485) mit seinem umfangreichen EUKLID-Kommentar, MARINOS (um 500) mit einer Einleitung zu den EUKLIDISCHEN *Data*, SIMPLIKIOS (um 520) mit wichtigen ARISTOTELES-Kommentaren und DAMASKIOS (um 520) mit einer unbedeutenden Studie über regelmäßige Körper zu nennen, die in den späteren Redaktionen der EUKLIDISCHEN *Elemente* als Buch XV erscheint. Dazu tritt EUTOKIOS von Askalon (* 480) mit seinen mathematisch belanglosen, aber historisch aufschlußreichen Erläuterungen zu ARCHIMEDES und APOLLONIOS, herausgegeben durch ISIDOROS von Milet (um 520), der zusammen mit ANTHEMIOS von Tralleis († 534) in Konstantinopel die Hagia Sophia (532—537) erbaute. Auf ANTHEMIOS wird die Fadenkonstruktion der Ellipse und eine Arbeit über den Parabelbrennpunkt zurückgeführt.

Mit der Heidenverfolgung von 415, der HYPATIA zum Opfer fällt, erlischt die alexandrinische Mathematikerschule, mit der Schließung der Akademie durch JUSTINIAN (529) die athenische, aber in Konstantinopel hält sich die Tradition noch lange. Dort wirkt im 9. Jahrh. der Philosoph LEON (863 Rektor der Bardas-Universität), der seine Schüler zum Abschreiben mathematischer Handschriften ermuntert. Aus seiner Schule stammen sorgfältige Kopien von Schriften EUKLIDS (eine von 888 befindet sich in Oxford), von ARCHIMEDES (im 12. Jahrh. wurde eine Sammlung [zusammen mit einer Abschrift des *Almagest*] durch HENRICUS ARISTIPPUS an den Hof der unteritalischen Normannen gebracht, ging später in den Besitz der Päpste über, wurde von WILHELM von Moerbeke, von JAKOB von Cremona und G. VALLA benutzt und ging im 16. Jahrh. verloren), von APOLLONIOS und DIOPHANT (verloren). In Notizen über LEONS arithmetische Vorlesungen erscheinen Buchstaben als Vertreter von ganzen und gebrochenen Zahlen und werden bei Beweisen verwendet. Vielleicht hat LEONARDO von Pisa, der Ähnliches im *liber abbaci* (1202) bringt, diese Neuerung während des Aufenthaltes in Byzanz (um 1200) kennengelernt.

Um die nämliche Zeit streben lernbegierige Muslime danach, sich das ganze Wissen der Alten enzyklopädisch anzueignen. So wird trotz der Ungunst der Verhältnisse aus dem inneren und äußeren Zusammenbruch der antiken Welt viel mehr an Originalen über die Völkerwanderung hinweg gerettet, als es zunächst den Anschein hatte. Aus Indien, Syrien und Nordafrika strömt dem Abendlande altes und neues Wissen zu, das im Zeitalter der Renaissance zu einer Neuerweckung des mathematischen Interesses und im Barock zu einer völligen Um- und Neubildung des Aufgenommenen führt: zur Entstehung der modernen Mathematik.

III. Abschnitt

Mittelalter (etwa 500 bis 1400 n. Chr.)

1. Die Inder (500—1200)

Die folgenreichste mathematische Leistung der INDER ist die Erfindung des dezimalen Positionssystems, dessen Auftreten seit dem 7. Jahrh. verbürgt ist. Es verdrängt die reihenden *Karosṭḥi*-Ziffern mit Resten eines Vierersystems (Inschriften zwischen 400 v. u. 300 n. Chr.) und die ebenfalls reihend verwendeten *Brâhmî*-Ziffern (Inschriften um 250 v. Chr.) mit Individualzeichen für Einer, Zehner und Hunderter. Das Positionssystem ist aus der vorzüglich ausgebildeten Rechentechnik auf den in Indien üblichen Holztäfelchen entstanden, die mit Sand bestreut waren, so daß Aufgezeichnetes leicht verändert werden konnte. Sicher trug auch das indische Rechenbrett anfangs die allgemein benutzte Kolumneneinteilung; wann das Lückenzeichen (die Null) aufkam und die Liniatur entfiel (womit der Übergang zum Positionssystem vollzogen ist), läßt sich nicht mehr feststellen. Wir kennen schon aus der Frühzeit Aufgabensammlungen und Wirtschaftstexte (z. B. das *Bakhshâlî*-MS, wohl 6. Jh.); hier wird der direkte, der indirekte und der zusammengesetzte Schluß gelehrt.

Interessant ist die in den nächsten Jahrhunderten sich vollziehende Algebraisierung des äußeren Rechenvorganges, die sich unter anderem im Rechnen mit Null und negativen Zahlen, in der Einführung fester (teils multiplikativ, teils additiv aufgebauter) Bezeichnungen für die Unbekannte und ihre ersten Potenzen, in der formelmäßigen Ausführung von Klammerrechnungen, von Quadratzahl- und Kubikzahlbestimmungen und in der Gleichungslehre äußert. Die lineare Gleichung wird anfangs vermittels der *regula falsi*, später direkt aufgelöst; an der im 9. Jahrh. bereits einheitlich behandelten quadratischen Gleichung wird die Doppeldeutigkeit der Lösung anerkannt und an einer negativen kein Anstoß genommen; auch weiß man, daß sich die Quadratwurzel aus einer negativen Zahl nicht bestimmen läßt. Bei Systemen linearer Gleichungen stehen im 6. Jahrh. symmetrisch lösbare Typen im Vordergrund; später treten sehr viele spezielle Regeln auf, darunter auch eine allgemeine: die Komparationsmethode für zwei lineare Gleichungen mit zwei Unbekannten. Trotz der Reichhaltigkeit des Dargebotenen wird auch bei quadratischen Gleichungen mit mehreren Unbekannten keine Einheitlichkeit erzielt. Hier wie bei der rationalen Näherung von Quadratwurzeln und Kubikwurzeln spielt wohl babylonischer Einfluß mit, bei Umrechnungen an Wurzelpolynomen das Vorbild Euklids, doch ist alles rein arithmetisch gewendet und damit nicht unwesentlich verbessert.

Das Teilerproblem $x = q_1 t_1 + r_1 = q_2 t_2 + r_2$ ist wahrscheinlich im Zusammenhang mit astronomischen Fragen (Kalender) aufgetaucht; bei Âryabhaṭa (geb. 476) wird die Auflösung vermittels der Kettenbruchmethode vollzogen; später folgen Verkürzungen und Verbesserungen. Brahmagupta (geb. 598) führt die ganzzahlige Auflösung der Gleichung $x^2 - p y^2 = 1$ auf Grund der Hilfsgleichungen $u^2 - pv^2 = -1, \pm 2, \pm 4$ aus; Bhâskara (1114—1185 ?) reduziert die Hilfsgleichung $u^2 - pv^2 = q$ vermittels eines passend zu bestimmenden Parameters t auf die neue Hilfsgleichung

$$\left(\frac{ut + pv}{q}\right)^2 - p\left(\frac{vt + u}{q}\right)^2 = \frac{t^2 - p}{q} = q'$$

und fährt mit dieser Reduktion so lange fort, bis er rechts -1, ± 2 oder ± 4 erhält (zyklische Methode). Ferner behandelt er allgemeinere unbestimmte Gleichungen zweiten Grades (auch simultane Systeme) durch technisch sehr geschickte spezielle Ansätze, außerdem die Art, wie $\frac{ax+b}{c}$ zu einem Quadrat gemacht werden kann. Manches deutet auf Beziehungen zu Diophant (um 250) hin, doch ist diesem die Forderung ganzzahliger Lösungen noch fremd. Hinsichtlich der einfachsten arithmetischen und der geometrischen Reihen gehen die Inder ursprünglich nicht über das babylonisch-griechische Wissen hinaus; im 10. Jahrh. gibt Halâyudha das arithmetische Dreieck, im 14. Jahrh. Nârâyaṇa Summen von figurierten Zahlen.

Besonders hervorstechende geometrische Leistungen der Inder sind nicht bekannt. Babylonischen Einfluß verrät Brahmaguptas Bestimmung ganzzahliger rechtwinkliger Dreiecke aus

$$u \quad , \frac{1}{2}\left(\frac{u^2}{v} - v\right), \frac{1}{2}\left(\frac{u^2}{v} + v\right),$$

die beim Aufbau von Vierecken mit zueinander senkrechten Diagonalen verwendet wird. Die anschließende Flächenberechnung aus $\sqrt{(s-a)(s-b)(s-c)(s-d)}$ ist nur deshalb richtig, weil sich Brahmagupta auf Sehnenvierecke beschränkt. Eine Begründung wird nicht gegeben; vermutlich handelt es sich um eine Verallgemeinerung der sog. Heronischen Formel. Wichtig ist die Weiterbildung der griechischen Sehnentrigonometrie, die den Indern aus Übersetzungen alexandrinischer astrologisch-astronomischer Werke bekannt war, zu einer Halbsehnentrigonometrie. Bei ÂRYABHAṬA wird in dunklen Merkversen die Berechnung einer Sinustafel der Vielfachen von $3^3/_4{}^\circ = 60^\circ : 16$ durch fortgesetztes Winkelhalbieren angedeutet; VARÂHAMIHIRA (um 500) benutzt bereits trigonometrische Formeln, MAÑJULA (um 930) betrachtet die Funktionen $\sin\alpha$, $\cos\alpha$ und $1 - \cos\alpha$ in allen vier Quadranten. Diese Beiträge zur ebenen Trigonometrie sind indes nur Nebenfrüchte im Zusammenhang mit astronomischen Aufgaben, von denen schon in den *Sûryasiddhânta* (4. Jahrh. ?) ausführlich gehandelt wird. Anfangs verwenden die Inder ein graphisches Verfahren, das aus unvollkommener Übermittlung griechisch-ägyptischer Vorbilder entstanden sein mag, später ein rechnerisches; jetzt treten sogar die ersten Keimlinge des Cosinus- und Sinus-Satzes der sphärischen Trigonometrie auf. In Hs. des 15. Jahrh. *(Karaṇapaddhati)* finden sich als isolierte Ergebnisse die LEIBNIZ-Reihe für $\pi/4$ und ein konvergenzverbesserndes Verfahren, das u. a. auf die Reihen

$$\frac{3}{4} + \sum_{k=1}^{\infty} \frac{(-1)^{k+1}}{2k(2k+1)(2k+2)} \quad \text{und}$$

$$\sum_{k=1}^{\infty} \frac{(-1)^k \cdot 4}{(2k+1)^5 + 4(2k+1)} \quad \text{für } \frac{\pi}{4} \text{ führt.}$$

Die indische Mathematik ist gekennzeichnet durch die Abkehr von der geometrischen Verkleidung algebraischer Probleme, vor allem aber durch die allgemeine arithmetisch-algorithmische Tendenz, wodurch das beweisende Verfahren — der Kernpunkt der griechischen Wissenschaft — zurückgedrängt wird. Die Muslime empfangen durch Vermittlung der Iranier von den Indern das Positionssystem, algebraische Anregungen und astronomisch-trigonometrische Einzelheiten, sonst freilich nur Fragmente indischen Wissens; insbesondere bleiben die großartigen zahlentheoretischen Methoden und Ergebnisse fast gänzlich unbeachtet.

Allgemeines

B. Datta-A. N. Singh: *History of Hindu mathematics*, Lahore 1935, 1938 (nicht ganz zuverlässig).
L. V. Gurjar: *Ancient Indian mathematics and Vedha*, Poona 1947.
A. P. Juschkewitsch: *Geschichte der Mathematik im Mittelalter*, Moskau 1961 (russ.).
G. R. Kaye: *Indian mathematics*, Calcutta/Simla 1915 (veraltet).
R. V. Lyer; *The Hindu abacus*, Scripta math. 20, 1954.
P. Masson-Oursel, H. de Willman-Grabowska, P. Stern: *L'Inde antique et la civilisation indienne*, Paris 1933.
K. Menninger; *Zahlwort und Ziffer*, Breslau 1934 u. ö.
D. E. Smith-L. Ch. Karpinski: *The Hindu-Arabic numerals*, Boston/London 1911.
C. V. Vaidya: *History of medieval Hindu India*, Poona 1921/26 (3 Bde.).

2. Die Muslime (750—1300)

Träger der islamischen Geisteskultur, die dank verständnisvoller Förderung durch die ersten 'Abbâsidischen Kalifen (seit 750) am Hofe zu Bagdad zu vielgestaltigem Leben erblüht, sind vor allem Syrer, Mesopotamier und Iranier. Den letzten hellenistischen Kennern der griechischen Philosophie, Naturwissenschaft und Medizin, die sich vor byzantinischer Unduldsamkeit ins Sassanidenreich geflüchtet hatten, und ihren persischen Schülern verdanken die muslimischen Gelehrten die nötigen Unterlagen, so die vorzüglichen Übersetzungen der Schriften des Aristoteles und seiner neuplatonischen Erklärer. Hier setzen die großen ostarabischen Philosophen, wie al-Kindî (800 ?—873/74), al-Fârâbî (870—950/51), Avicenna (980—1037) und Algazel (1059—1111), mit ihren eigenen weiterführenden Arbeiten ein. Auf astronomisch-astrologischem Gebiet sind die Muslime Schüler der Inder (Brahmaguptas *Siddhânta*, um 775 ins Arabische übersetzt) und der Griechen (des PTOLEMAIOS *Tetrabiblos* um 780 übersetzt, der *Almagest* um 833). Von den Indern übernehmen die Ostaraber für praktische Zwecke und Tabellen das Rechnen mit dem Positionssystem, begnügen sich jedoch mit der (unzweckmäßigen) formalen Übertragung der Methoden des Brettrechnens auf das schriftliche Rechnen (Rechenbuch des AL-ḪWÂRAZMÎ, um 820); in den eigentlichen mathematischen Schriften werden die Zahlen nicht verziffert, sondern in Worten ausgeschrieben.

Im 9. Jahrh. werden die Hauptwerke der griechischen Mathematiker ins Arabische übertragen, so EUKLID durch AL-HAJJÂJ (um 820) und dann sehr oft, APOLLONIOS durch AL-ḤIMṢÎ und die BANÛ MÛSÂ (um 875), ARCHIMEDES und MENELAOS durch ISḤÂQ IBN ḤUNEIN und ṮÂBIT IBN QURRA (um 890), schließlich DIOPHANT, HERON, AUTOLYKOS, THEODOSIOS und HYPSIKLES durch QUSṬÂ IBN LÛQÂ (um 900). In AL-ḪWÂRAZMÎS *Aufgabensammlung für Kaufleute und Testamentvollstrecker* zeigen manche Bezeichnungen und die algebraisierende Tendenz indischen Einfluß, die geometrischen Teile das Nachwirken HERONS und EUKLIDS (wahrscheinlich aus zweiter Hand, vielleicht entnommen aus der ältesten noch erhaltenen hebräischen Geometrie [des 2. Jahrh. ?], dem *Mishnat ha-Middot*).

Beachtliche Ergebnisse fallen den Muslimen im Ringen um den Inhalt der EUKLIDISCHEN *Elemente* zu. Schon AL-FÂRÂBÎ setzt sich kritisch mit dem Definitionsgefüge zu Buch I bis V auseinander. Seine Ausführungen gehen zum Teil in den zu AL-HAJJÂJS Übersetzung hinzugefügten Kommentar des AN-NAIRÎZÎ (um 900) über und werden dem Abendland in der lateinischen Übersetzung des GERHARD von Cremona

(1144) bekannt. Zusätzliches ist in der dem ALBERTUS MAGNUS zugeschriebenen Überarbeitung dieser Übersetzung enthalten.

In einem den Muslimen noch zugänglichen, heute im Urtext verschollenen EUKLID-Kommentar berichtet SIMPLIKIOS, wie ein gewisser AGÂNÎZ (GEMINOS ?) das Parallelenpostulat auf Grund der nach PROKLOS von POSEIDONIOS stammenden Erklärung beweist: *Parallele Gerade sind solche festen Abstandes.* Varianten finden sich bei AL-JAUHARÎ (um 830), ṮÂBIT IBN QURRA (826—901), IBN AL-ḤAIṮAM (965 ? bis 1039), AL-ḪAJJÂMÎ (1050—1122) und AṬ-ṬÛSÎ (1201—1274), der eine umfassende Darstellung auch der Beiträge der Vorgänger gibt. Innerhalb dieser Diskussion wird klar, daß das Parallelenpostulat mit der Existenz eines Vierecks mit 4 rechten Winkeln (IBN AL-ḤAIṮAM) bzw. eines Dreiecks mit der Winkelsumme von 2 rechten Winkeln (AṬ-ṬÛSÎ) gleichwertig ist; die nichteuklidischen Möglichkeiten werden auf Grund von Scheinbeweisen und Zirkelschlüssen zurückgewiesen. Das bei PROKLOS und AN-NAIRÎZÎ Stehende wird später von CHR. CLAVIUS, das in AṬ-ṬÛSÎS EUKLID-Ausgabe (lat. 1657) Enthaltene von J. WALLIS verwendet. Kommentare zu Buch V (Verhältnislehre) stammen von AL-JAUHARÎ, AL-MÂHÂNÎ († um 880), ṮÂBIT, AN-NAIRÎZÎ, AL-ḪAJJÂMÎ und AṬ-ṬÛSÎ. Sie führen zur Anerkennung positiver reeller Größen als Zahlen (Folge der EUDOXISCHEN Theorie). Zu Buch X (quadratische Irrationalitäten) gibt es eingehende Kommentare von AR-RAJÂMÎ (850), AL-DIMIŠQÎ (um 915), AL-ḪÂZIN († um 965) und AL-BAGDADI († um 1100), in denen allmählich der operative Gesichtspunkt in den Vordergrund tritt. Höhepunkt ist AL-BÎRÛNÎS Bemerkung, π sei irrational.

Ausgesprochen selbständige mathematische Leistungen der Ostaraber begegnen uns seit dem 10. Jahrh.. Auf algebraischem Gebiet knüpft ABÛ KÂMIL (850 ?—930 ?) an AL-ḪWÂRAZMÎ an und folgt (z. B. in der Potenzbezeichnung und in der Behandlung unbestimmter Gleichungen 1. Grades) der Auffassung der frühen Inder. ABÛ'L-WAFÂ (940—998) versucht in seinem DIOPHANT-Kommentar die EUKLIDISCHE Irrationalitätentheorie weiterzuführen. AL-KARAǦÎ († 1029) benutzt ABÛ KÂMIL und ABÛ'L-WAFÂ; er entscheidet sich in den grundsätzlichen Fragen (Ablehnung der Null und der negativen Zahlen, Potenzbezeichnung) für die griechische Auffassung, behandelt zusammengesetzte Irrationalitäten und die Radizierung von Ausdrücken.

Die *Geometrie* der BANÛ MÛSÂ enthält bereits überarbeitete Stücke aus ISḤÂQS ARCHIMEDES-Übersetzung. ṮÂBIT (826—901) versteht seine Vorlagen mit kritischem Blick sachlich richtig zu ergänzen und das Dargebotene selbständig weiterzuführen. Wir verdanken ihm Schriften über die Quadratur der Parabel, über die Kubatur des Paraboloids und über das halbregelmäßige 14-Flach, ferner die Wiedergabe der Wahlsätze und der Siebenecksabhandlung von ARCHIMEDES und einen schönen Zerlegungsbeweis für den PYTHAGOREISCHEN Lehrsatz, der von AN-NAIRÎZÎ übernommen wird. Dieser Beweis könnte durch Umgestalten aus einem altindischen hervorgegangen sein. Selbständig ist der Sinus-Satz am rechtwinkligen sphärischen Dreieck und die Regel zur Herstellung befreundeter Zahlenpaare.

Die bei ARCHIMEDES auftretenden kubischen Probleme behandelt ṮÂBIT rein geometrisch. Sein Zeitgenosse AL-MÂHÂNÎ gibt die Bedingungsgleichungen,

AL-ḪÂZIN verwendet Kegelschnitte zur Auflösung, AL-KÛHÎ (um 975) behandelt weitere einschlägige Probleme. ABÛ'L-JÛD soll (um 1000) Allgemeines zu den kubischen Gleichungen geschrieben haben; erhalten ist nur das (nicht ganz einwandfreie) Verfahren AL-ḪAJJÂMÎS (unter Verwendung von Kegelschnitten). AL-ḪAJJÂMÎ glaubt nicht, daß man auch eine algebraische Auflösung auffinden könne.

Auch IBN AL-ḤAIṮAM (965?—1039) ist ein vorzüglicher Mathematiker. Wir verdanken ihm außer den EUKLID-Studien die Quadratur der Kreismöndchen am allgemeinen rechtwinkligen Dreieck, ferner die Kubatur des von einem Parabelhalbsegment bei Drehung um die Parallele zur Scheiteltangente erzeugten Körpers, die hierbei auftretende Ungleichung

$$\frac{8}{15}(n-1)\,n^4 < \sum_{k=1}^{n-1}(n^2-k^2)^2 < \frac{8}{15}\,n\cdot n^4$$

und die Formel

$$\sum_{k=1}^{n} k^4 = \frac{n(n+1)(2n+1)(3n^2+3n-1)}{2\cdot 3\cdot 5}.$$

Hauptleistung ist die *Optik*, in der neben den Beiträgen der Griechen („Perspektive") auch die Ergebnisse von AL-KINDÎ mitverarbeitet sind. Hier findet sich das später vielbehandelte *Glanzpunktproblem*, auf einem Kreis die Punkte extremer Abstandsumme von zwei gegebenen zu bestimmen. Wie stark IBN AL-ḤAIṮAM die Zeitgenossen in seinem Spezialgebiet überragt, zeigt etwa die Studie des um eine Generation älteren AL-KARÂBÎSÎ über den Kreiswulst (um 970), die überraschende formale Mängel aufweist.

Die tiefergehenden Kenntnisse der Inder auf zahlentheoretischem Gebiet bleiben den Muslimen unbekannt; sie folgen seit ABÛ'L-WAFÂ immer stärker den

Spuren DIOPHANTS. AL-ḪOĜENDÎ († um 1000) glaubt die Unmöglichkeit von $x^3 + y^3 = z^3$ erweisen zu können, und AL-KARAĜÎ behandelt unbestimmte quadratische Probleme unter Verzicht auf die Ganzzahligkeitsforderung. Ähnliches findet sich bei AL-HUSSEIN (11. Jahrh.). Die vielgenannte Schachbrettaufgabe erscheint erstmals bei dem Historiker JA-QÛBÎ (um 880). Was in den mathematischen Abhandlungen der von den „lauteren Brüdern" zusammengestellten *Enzyklopädie* (10.Jahrh.) über magische Quadrate von 3^2 bis 9^2 Zellen steht, könnte auf ṮÂBIT zurückgehen. Der doppelte falsche Ansatz (lineare Interpolation) wird in einer eigenen Schrift des QUSṬÂ IBN LÛQÂ (864—923) behandelt, ebenso im *liber augmenti et diminutionis* — der lat. Wiedergabe einer anonymen arabischen oder hebräischen Abhandlung vielleicht des 10. Jahrh.. Dort wird dieses Verfahren als „indisch" bezeichnet.

Der vielseitige und fruchtbare ABÛ'L-WAFÂ (940 bis 998) schließt sich im geometrischen Teil seines *Rechenbuchs für Geschäftsleute* an AL-ḪWÂRAZMÎ und die BANÛ MÛSÂ an; neu ist die Näherungsformel $2r = \frac{1}{3} s_n \sqrt{n^2 - n + 6}$ für den Umkreisdurchmesser eines regelmäßigen n-Ecks aus der Seite s_n. Sehr inhaltsreich sind die aus einer Vorlesungsnachschrift bekannten *geometrischen Konstruktionen* mit eigenartigen Beiträgen zur ebenen und räumlichen Geometrie. Besondere Hervorhebung verdienen die schönen Konstruktionen mit fester Zirkelöffnung. Bemerkenswert ist auch die von AṢ-ṢÂBÎ (um 950) stammende Beziehung

$$AB \cdot CD + AD \cdot BC = AC \cdot BD$$

zwischen 4 Punkten A, B, C, D auf einer Geraden und das reichhaltige stereometrische Material im *Rechenbuch* des AL-KÂSÎ.

Große Fortschritte werden auf trigonometrischem Gebiet erzielt. AL-ḤABAŠ (770 ?—870 ?) führt die Tangens-Funktion ein und tabuliert sin, tg, cotg, cosec; der um seiner Planetentheorie willen vielgerühmte Astronom AL-BATTÂNÎ (850 ?—929), der die ganze ihm zugängliche indische und hellenistische Literatur verarbeitet, entscheidet sich für die Sinus-Trigonometrie als der zweckmäßigeren Rechenmethode. ABŪ'L-WAFÂ verschärft die (sexagesimale) Tabellenrechnung bis zur Genauigkeit von 8 Dezimalen; er erleichtert die noch schwerfälligen Rechnungen am sphärischen Dreieck, indem er die Regel der 6 Stücke (MENELAOS) durch Verwendung einer zu zwei Dreieckseiten senkrechten Transversale zum „Ersatztheorem" (Regel der 4 Stücke) umbildet. ABŪ NAṢR (um 1000) findet den Sinus-Satz, AL-BÎRÛNÎ (973—1048) vollzieht eine Neuberechnung der trigonometrischen Tafeln unter Rückgriff auf die ARCHIMEDISCHE Prämisse, und AṬ-ṬŪSÎ (1201—1274) gibt erstmals eine in sich geschlossene Trigonometrie des ebenen und des sphärischen Dreiecks unter Verwendung des Polardreiecks. Unter seinem Einfluß steht das große, nach Methoden des tüchtigen AL-KÂŠÎ berechnete Tafelwerk ULŪĠ BEGS (1393—1449), das die sexagesimal tabulierten Funktionen mit einer Genauigkeit von 17 Dezimalen gibt.

In astronomischen Berechnungen wird bei ABŪ'L-WAFÂ, KŪŠYÂR (um 971—1024), AL-KÂŠÎ († um 1436) und anderen das Sexagesimalsystem einschließlich der Sechzigerbrüche teils in Buchstaben, teils in Ziffern verwendet. Das Dezimalsystem für ganze Zahlen setzt sich nur langsam durch; Dezimalbrüche und Umrechnungen vom und ins Sexagesimalsystem finden sich in ausgereifter Technik im *Rechenbuch* (1427) AL-KÂŠÎS, der sich diese Erfindung zuschreibt. Zur ganzzahligen numerischen Annäherung höherer Wurzeln dient das RUFFINI-HORNER-Schema, das etwa bei Bestimmung 3. Wurzeln auf der Umkehrung der schrittweisen Kubierung aus

$$(a + b + c)^3 = a^3 + [3a^2 + 3ab + b^2]b +$$
$$+ [3a^2 + (3a + b)b + (3a + 2b)b + 3(a + b)c + c^2]c$$

beruht. Es findet sich schon bei AN-NASAVÎ (um 1025) und wird von AL-KÂŠÎ eingehend vorgeführt. Zur Annäherung in Brüchen verwendet AN-NASAVÎ

$$\sqrt{a^2 + r} \sim a + \frac{r}{2a + 1} \text{ und } \sqrt[3]{a^3 + r} \sim a + \frac{r}{3a^2 + 3a + 1};$$

AL-HASSÂR bedient sich (um 1150) der babylonischen Näherung $\sqrt{a^2 + r} \sim a + \frac{r}{2a}$ und ihrer Iteration. Bei AL-KÂŠÎ findet sich die allgemeine Formel

$$\sqrt[n]{a^n + r} \sim a + r : [(a + 1)^n - a^n],$$

außerdem das arithmetische Dreieck und die additive Erzeugung der Binomialkoeffizienten — beides vielleicht schon AL-ḪAJJÂMÎ bekannt.

Die Sinus-Tafel des ABÛ'L-WAFÂ stützt sich auf den sexagesimal bestimmtenWert von $\sin \frac{1^\circ}{2}$ (8 Dez.). Er folgt aus den im Fall $a = \frac{15^\circ}{32}$, $b = \frac{1^\circ}{32}$ durch fortgesetztes Quadratwurzelziehen bestimmbaren Schranken

$$\sin(a + 3h) - \sin a < 3[\sin(a + h) - \sin a]$$
$$< \sin a - \sin(a - 3h)$$

durch Mittelbildung. Etwas weniger genau ist die auf Interpolation zwischen $\sin \frac{9^\circ}{8}$ und $\sin \frac{15^\circ}{16}$ beruhende

Berechnung des IBN-YÛNUS (um 1000) von sin 1° (7 Dez.). AL-BÎRÛNÎ beginnt die Berechnung von sin 1° mit der Dreiteilung des Winkels 30° bzw. 60°. Er gibt die zugehörigen Werte auf 8 Dez. genau, verschweigt jedoch das angewendete Verfahren. Innerhalb der Sinus- und Tangens-Tafeln bedient er sich einer quadratischen Interpolation. Noch weiter treibt AL-KÂŠÎ die Rechengenauigkeit. Zur Bestimmung von π bedient er sich im Grunde des ARCHIMEDISCHEN Verfahrens, das nunmehr in der Durchführung auf die schrittweise Anwendung des Formelpaares

$$\cos\frac{\varphi}{2} = \sqrt{1/2 + 1/2\cos\varphi}, \quad \sin\frac{\varphi}{2} = \sqrt{1/2 - 1/2\cos\varphi}$$

hinausläuft. Zur Auflösung der Dreiteilungsgleichung $3x - x^3 = a$ des Winkels verwendet er, wie aus einem Bericht seines Enkels AR-RÛMÎ († 1524/25) hervorgeht, die Iteration $3x_{n+1} = a + x_n^3$, die vielleicht chinesischen Einfluß verrät. Schon Jahrhunderte früher stellt AL-ḤABAŠ bei Untersuchung der Mondbewegung die Gleichung $\varphi - k \cdot \sin\varphi = t$ auf. Sie wird später numerisch im Fall $k < 1$ durch die rasch konvergierende Folge $\varphi_{n+1} = t + k \cdot \sin\varphi_n$ gelöst.

Nach dem Westen, wo sich unter dem Schutz der UMAIYADISCHEN Kalifen von Cordoba (756—1031) mehrere selbständige Kulturzentren bilden, sind nur Bruchstücke des mathematischen Wissens der Ostaraber gedrungen, zunächst das indische Brettrechnen mit eigentümlichen Ziffernformen (sog. Staubziffern), später ein wenig Trigonometrie und Astronomie und einige der Editionen griechischer Klassiker in arabischer Sprache. AL-ZARQÂLÎ (1029—1087 ?) läßt sich die Verwendung der Tangens-Funktion entgehen, JÂBIR IBN AFLÂḤ († um 1145) kehrt sogar wieder zur PTOLEMAE-

ISCHEN Sehnentrigonometrie zurück, behandelt jedoch das sphärische Dreieck auf Grund der Regel der 6 Stücke recht gewandt. Auf philosophischem Gebiet ist neben AVEMPACE (1106 ?—1138) und ABUBACER (1100 ?—1185) vor allem AVERROËS (1126—1198) mit seiner sorgfältig kommentierten ARISTOTELES-Ausgabe zu nennen, von der die Hochscholastik so stark beeinflußt ist. Ganz im Schatten der ostarabischen hermetischen Literatur steht AL-BÛNÎ († 1225), der für Amulette benötigte magische Quadrate durch Ränderung erzeugt.

Was dem christlich-lateinischen Abendland an philosophischen und mathematischen Kenntnissen zufließt, ist zumeist durch Vermittlung spanischer Juden weitergegeben worden. Besonders hervorzuheben ist die Übersetzerschule von Toledo, an der (um 1150) JOHANNES von Sevilla, DOMENICO GUNDISALVI und GERHARD von Cremona zusammenwirken. Ganz gering ist der Einfluß der muslimischen Mathematik auf die byzantinischen Gelehrten, die von ihren Nachbarn kaum mehr als das indische Ziffernrechnen übernehmen. Mit dem Sturz des Kalifats von Bagdad (1258) zerbricht die wissenschaftliche Kraft der Ostaraber; aus späterer Zeit ist nur mehr das (ziemlich bedeutungslose) Sammelwerk des BEHÂ ED-DÎN (1547 bis 1622) zu nennen. — Unser Wissen von der muslimischen Mathematik ist auch heute noch unvollkommen, da viel Wertvolles verloren, anderes noch nicht an die Öffentlichkeit gekommen ist.

Allgemeines

Enzyklopaedie des Islams, ed. M. Th. Houtsma u. a., Leiden seit 1913.

A. Baumstark: *Geschichte der syrischen Literatur*, Bonn 1922.

C. Brockelmann: *Geschichte der arabischen Literatur*, Weimar, Berlin u. Leiden 1898/1942 (5 Bde.).

C. Brockelmann: *Geschichte der islamischen Völker und Staaten*, München/Berlin 1939.
K. Krumbacher: *Geschichte der byzantinischen Literatur*, [2]Leipzig 1897.
A. Mieli: *La science arabe et son rôle dans l'évolution scientifique mondiale*, Leiden 1939.
A. G. Palencia: *El Islam y Occidente*, Madrid 1931.
A. G. Palencia: *Historia de la España Musulmana*, Barcelona [1]1925, [2]1929.
A. G. Palencia: *Historia de la Literatura Arábigo-Española*, Barcelona 1928.
G. Pfannmüller: *Handbuch der Islam-Literatur*, Berlin/Leipzig 1923.
F. Wüstenfeld: *Die Übersetzungen arabischer Werke in das Lateinische seit dem 11. Jh.*, Göttingen 1877 (Abh. Ges. d. Wiss. 22).

Die Philosophen und Mathematiker

L. Gauthier: *La philosophie musulmane*, Paris 1900.
A. P. Juschkewitsch: *Geschichte d. Mathematik im Mittelalter*, Moskau 1961 (russ.).
P. Luckey: *D. Ausziehung d. n-ten Wurzel u. d. binomische Lehrsatz in d. islamischen Math.*, Math. Ann. 120, 1948.
M. Krause: *Stambuler Handschriften islamitischer Mathematiker*, Berlin 1936 in Quell. u. Stud. B 3.
E. Plooij: *Euclid's conception of ratio and his definition of proportional magnitudes as criticized by Arabian commentators*, Rotterdam 1950.
B. A. Rosenfeld - A. P. Juschkewitsch: *The prehistory of non Euclidean Geometry in the Medieval-East*, XXV International Congr. of Orientalists, Moskau 1960.
H. Suter: *Die Mathematiker und Astronomen der Araber und ihre Werke*. Leipzig 1900, Nachtrag 1902 in den Abh. z. Gesch. d. Math. 10 u. 14, Ergänzungen von H. P. J. Renaud in Isis 18, 1932.

Jüdische Übersetzer

M. Steinschneider: *Die hebräischen Übersetzungen des Mittelalters und die Juden als Dolmetscher*, Berlin 1893 (2 Bde).
M. Steinschneider: *Die arabische Literatur der Juden*, Leipzig 1902.

3. Die Chinesen (200 v. bis 1300 n. Chr.)

Die ältesten Rechenbücher der CHINESEN sind Aufgabensammlungen, wie sie ganz allgemein am Beginn mathematischer Entwicklungsperioden stehen. Der *K'iu-ch'ang Suan-shu* (Mathematik in 9 Abschnitten, um 250 v. Chr.) ist uns nicht im Original, sondern nur aus der Bearbeitung älterer Fragmente durch CH'ANG-TS'ANG (um 175 v. Chr.) bekannt. Es handelt sich um eine reine Aufgabensammlung mit Lösungsanweisungen. Wichtige Erläuterungen stammen von LIU HUI (3. Jahrh. n. Chr.), CH'ÖN LUAN (um 535) und

YANG HUI (1261). Das Werk wird 656 zum offiziellen Leitfaden erklärt und geht 1084 in Druck. Wie alle derartige für Praktiker bestimmte frühe Aufgabensammlungen enthält es Wirtschafts-, Verteilungs-, Verhältnis- und Gesellschaftsrechnungen, ferner Bewegungsaufgaben, den Dreisatz und seine Erweiterung, den falschen Ansatz zur Behandlung linearer Gleichungen, arithmetische Reihen, Flächen- und Körperrechnungen aus Vermessungs- und Bautechnik. Dabei treten teils genaue, teils Näherungsformeln, wie etwa $\frac{h}{2}(s + h)$ für das Kreissegment (s = Sehne, h = Pfeil) auf. Ferner finden sich Prisma, Pyramide (über rechteckiger Grundfläche), Pyramidenstumpf, Kreiszylinder, der ausgebohrte Kegelstumpf und weitere bautechnisch wichtige Formen, aber nicht die Oberfläche der Kugel; π wird bald gleich 3, bald gleich $3^3/_8$ gesetzt. Natürlich ist auch der PYTHAGOREISCHE Lehrsatz in seiner allgemeinen Form bekannt und wird geschickt angewendet, z. B. bei Bestimmung der Länge einer Bohnenranke, die einen Baum (Kreiszylinder) mehrfach umschlingt, sowie bei Ermittlung des Inkreishalbmessers am rechtwinkligen Dreieck. Aufgehende Quadratwurzeln werden durch Umkehren der Formel

$$(a + b + c)^2 = a^2 + [2ab + b^2] + [2(a + b)c + c^2]$$

berechnet (Beginn des RUFFINI-HORNER-Verfahrens), entsprechend auch aufgehende Kubikwurzeln und quadratische Gleichungen der Form $x^2 \pm px = q > 0$. Zur Annäherung nicht aufgehender Quadratwurzeln dient die babylonische Ungleichung

$$a + \frac{r}{2a+1} < \sqrt{a^2 + r} < a + \frac{r}{2a};$$

auch PYTHAGOREISCHE Dreiecke finden sich. Höhepunkt ist einerseits die mit Kalenderfragen zusammenhängende Auflösung unbestimmter linearer Gleichungen in ganzen Zahlen, andererseits das determinantenartige Rezept zur Behandlung linearer Gleichungssysteme (schrittweise Verringerung der Zahl der Unbekannten), schließlich das Auftreten und die rechnerische Verwendung negativer Zahlen, die als das Ergebnis von Subtraktionen aufgefaßt werden. Hinter derartigen Anweisungen verbergen sich tiefergehende theoretische Erkenntnisse, die vielleicht nur mündlich weitergegeben wurden. Vieles weist auf Gedankenaustausch mit benachbarten Völkern (Indien wird seit 120 v. Chr. in chinesischen Schriften erwähnt; PTOLEMAIOS weiß um 150 n. Chr. vom fernen Lande Tin).

Im *Wu-ts'ao suan-king* (klassische Arithmetik in 5 Teilen) des SUN-TZÏ (3. Jahrh. n. Chr.) wird das von nun an bei Indern, Arabern und Abendländern immer wiederkehrende Beispiel

$$x = 3t_1 + 2 = 5t_2 + 3 = 7t_3 + 2\,[= q_i t_i + r_i]$$

vorgeführt. Die originelle chinesische Methode vermittels der „großen Erweiterung" stützt sich auf die Lösung der Hilfsgleichungen $q_2 q_3 u_1 = q_1 v_1 + 1$ usw. (in möglichst kleinen Zahlen durch Erraten). Dann ist der Rest bei Division von $\Sigma\, q_2 q_3 r_1 u_1$ durch $q_1 q_2 q_3$ eine Lösung.

Von LIU HUI stammt auch der *Hai-tau Suan-king* (Insel-Sammlung, 263 n. Chr.) — eine im 7. Jahrh. in die 10 mathematischen Muster-Abhandlungen aufgenommene Ergänzung zum *K'iu-ch'ang Suan-shu*, worin gelehrt wird, wie Entfernung und Größe unzugänglicher Gegenstände durch Ähnlichkeitsbetrachtungen gefunden werden können. Im Kommentar zum

K'iu-ch'ang Suan-shu verwendet LIU HUI benannte Dezimalbrüche. Er verbessert die älteren Näherungswerte für π, die sich bei CHANG HÖNG (78—138: $\pi = \sqrt{10}$), WANG FAN (229—267: $\pi = 142/45$) und LIU CHIH (289: $\pi = 25/8$) vorfinden, indem er (zweifellos unter westlichem Einfluß) die Flächen f_n der einbeschriebenen $6 \cdot 2^n$-Ecke im Kreis des Durchmessers 100 berechnet und die Kreisfläche f durch

$$f_{n+1} < f < f_n + 2(f_{n+1} - f_n)$$

annähert. Aus $f_4 = 313 \frac{584}{625}$ und $f_5 = 314 \frac{64}{625}$ erhält er die obere Schranke $314 \frac{169}{625}$ und daraus $\pi = 3{,}14$; vermittels f_9 findet er $\pi = 3{,}14159$. Nur aus späteren Erwähnungen wissen wir, daß TSU CH'UNG-CHIH (430 bis 501) den „ungenauen" Wert 22/7 für π durch den „genaueren" 355/113 ersetzt hat und bis zur Ungleichung $3{,}1415926 < \pi < 3{,}1415927$ vorgedrungen ist. Auch hier dürfte westlicher Einfluß vorliegen.

Bei dem Versuch, die Bewegung der Sonne auf der Ekliptik in Abhängigkeit von der Zeit darzustellen, bedient sich LIU SHO (544—610) einer arithmetischen Folge 2. Ordnung und ihrer Differenzen. Statt der äquidistanten Argumente verwendet der Astronom I-SHING (638—727) nicht äquidistante; KÓU SHÓU-KING (1231—1316) hat sogar eine arithmetische Folge 3. Ordnung mit ihren Differenzen. Er errichtet im Auftrag des Mongolenherrschers KHUBILAI CHAN (1260 bis 1294) in Peking eine Sternwarte nach dem Vorbild von Maraga, ist ein genauer Kenner der sphärischen Trigonometrie der Muslime und spricht das entscheidende Wort bei der Kalenderreform von 1281.

Spätestens seit dem 7. Jahrh. kommt es zu engerer Berührung zwischen chinesischen und indischen Gelehrten, später auch mit muslimischen. Aus dieser Zeit stammt die älteste uns überkommene Schilderung der (wahrscheinlich schon früher erfundenen) Kugelrechenmaschine, des *Suan-pan*, (durch den gelehrten Buddhisten CH'ÖN LUAN, um 570) — eines vorzüglich durchdachten Hilfsmittels, das durch geschickte Weiterbildung des älteren *Abacus* entstanden sein wird und in der Praxis mit dem abendländischen Ziffernrechnen gleichwertig ist. Interessant ist das kubische Problem des WANG HS'IAO-T'UNG (um 625), das die Auflösung von

$$x^2 + y^2 = z^2, \; xy = 706\,\frac{1}{50}, \; z = x + 36\,\frac{9}{10}$$

fordert. Es wird richtig, jedoch ohne Herleitung behandelt.

Neuen Aufschwung nehmen die mathematischen Studien im 13. Jahrh., wahrscheinlich als Ergebnis intensiver wissenschaftlicher Wechselbeziehungen mit den Indern und Muslimen. CH'IN KIU SHAO ist Verfasser des *Su-shu Kiu-ch'ang* (Mathematik in 9 Abschnitten, 1247). Er verwendet beim Zahlenschreiben die Null, bestimmt rationale Lösungen höherer Gleichungen (4. bis 10. Grades), indem er sie durch passende Multiplikationen ganzzahlig macht, und weiß, daß ganzzahlige Lösungen das absolute Glied teilen. CHU SHI-KIÉ steigt im *Szu-yuen Yü-kien* (Wunderspiegel der 4 Elemente, 1303) bis zu Gleichungen 14. Grades auf und behandelt auch nichtlineare Systeme. Hauptverfahren ist das RUFFINI-HORNER-Schema, jedoch finden sich auch numerische Iterationen, wie $x_{n+1} = 1 : (1 + x_n^2)$ bei der Lösung von

$x^3 + x = 1$ (CH'IN KIU-SHAO, ferner LI YEH im *I-ku Yen-tuan*, d. h. neue Schritte der Berechnung, 1259).

Mit der Summierung höherer arithmetischer Reihen befassen sich YANG HUI (1225: $\Sigma \binom{k}{2}$ und $\Sigma\, k^2$) und vor allem CHU SHI-KIÉ, der $\Sigma \binom{k}{3}$, $\Sigma \binom{k}{4}$ und weitere verwickeltere Beispiele bildet und das arithmetische Dreieck bis zu den Gliedern der 8. Zeile anschreibt.

Mit diesen bemerkenswerten Hochleistungen bricht die einheimische chinesische Mathematik jäh ab, findet jedoch später bei den JAPANERN im 17. und 18. Jahrh. eine interessante und eigenartige Weiterbildung.

Allgemeines

K. L. Biernatzki: *Die Arithmetik der Chinesen* im Journ. f. d. reine u. angew. Math. 52, 1856.

E. Bretschneider: *Medieval researches*, London 1910 (2 Bde).

O. Francke: *Geschichte des chinesischen Reiches*, Berlin/Leipzig 1930/52 (5 Bde).

H. A. Giles: *A Chinese Biographical Dictionary*, London 1898.

A. P. Juschkewitsch: *Leistungen chines. Mathematiker* in *Geschichte, Wissensch. u. Technik in China*, Moskau 1955 (russ.); chines. in Progress in Mathematics 2, 1956.

A. P. Juschkewitsch: *Geschichte d. Math. im Mittelalter*, Moskau 1961 russ.).

Y. Mikami: *The development of mathematics in China and Japan*, Leipzig 1913 u. ö..

J. Needham; *Science and civilisation in China* III, Cambridge 1959.

Li Nien: *Geschichte d. Math. in China*, Schanghai 1930/37, [2]1955 (chines.).

Li Nien: *Sammlung v. Arbeiten über Gesch. d. Math. in China*, Peking 1933/47 (4 Bde, chines.).

A. Vissière: *Recherches sur l'origine de l'abaque chinois*, Paris 1892.

4. Christliches Frühmittelalter (200—750)

Den Gläubigen der ersten christlichen Gemeinden geht es zunächst um die Verkündigung des Evangeliums, um die Ausbreitung des Offenbarungsglaubens, um die Freiheit des Bekenntnisses und um die sittliche

Erneuerung der Menschen. Dieser Auftrag — für sie besonders dringlich, weil sie infolge mißverstandener Evangelienworte auf ein baldiges Weltende harren — macht sie zu Gegnern der „heidnischen" Bildung. Noch TERTULLIAN (160? bis nach 222) sieht in der Philosophie die eigentliche Quelle aller Häresie und bekämpft das weltliche Wissen als Torheit vor Gott. Diese Haltung ändert sich jedoch von Grund auf, seit sich nach Enttäuschung der eschatologischen Hoffnungen die Erkenntnis durchsetzt, daß die bestehende Welt mit all ihren Schwächen und Gegebenheiten für das Evangelium erobert werden muß. Jetzt sucht man den Glauben wissenschaftlich zu unterbauen und findet in den Erkenntnissen der Philosophen nichts Feindliches mehr, vielmehr ein großes, wenn auch im Vergleich zur Offenbarung noch unvollkommenes Maß an Wahrheit. ORIGENES (185/86 bis 254/55) — seit 203 als Lehrer, später (bis 231) als Leiter der Alexandrinischen Katechetenschule tätig — ist Schöpfer einer an PLATON orientierten Theologie, die sich bewußt auf die zeitgenössische Wissenschaft stützt. Gleich PLATON sieht er in der Geometrie das methodische Vorbild. Die nämliche Auffassung vertreten im Osten EUSEBIOS von Caesarea (265?—339/40) und GREGOR von Nyssa (335?—395?), im Westen MARIUS VICTORINUS (4. Jahrh.), der verdienstvolle Übersetzer zahlreicher neuplatonischer Schriften und einiger logischer Abhandlungen des ARISTOTELES, und vor allem sein großer Schüler AUGUSTINUS (354—430), der Bischof von Hippo. Sie alle sind von der tiefgreifenden Bedeutung mathematischer Einsichten durchdrungen und den mathematischen Studien zugetan, wenn auch nicht schöpferisch, darstellend oder lehrend auf diesem Gebiet tätig.

Als allseitig gebildet wird angesehen, wer einen Lehrgang in den sieben freien Künsten *(artes liberales)* durchlaufen hat: Das *Quadrivium* umfaßt die naturwissenschaftlichen Fächer, nämlich die Arithmetik (etwas Zahlentheorie und Zahlensymbolik), die Geometrie (Erd- und Naturkunde), die Astronomie (Bestimmung der kirchlichen Feiertage) und die Musik (Intervallenlehre), das *Trivium* die sprachlichen Fächer, nämlich Grammatik, Rhetorik (Briefstil und Rechtsbelehrung) und Dialektik (freie Rede und Disputation). Tiefer als der erste uns erhaltene Abriß dieses Lehrgangs von MARTIANUS CAPELLA (um 450) gehen die um 500 verfaßten Einzeldarstellungen des BOËTIUS (480 ?—524): Die *Arithmetik* ist eine verkürzte Bearbeitung der NIKOMACHISCHEN *Introductio*, die *Astronomie* stützt sich auf PTOLEMAIOS und die *Musik* auf die einschlägigen Schriften von EUKLID, PTOLEMAIOS und NIKOMACHOS. Von einer Übersetzung der EUKLIDISCHEN *Elemente* sind nur Bruchstücke bekannt. Um 544 gibt CASSIODOR (480 ?—575 ?), ein Schüler des BOËTIUS, eine neue Kurzdarstellung der *artes liberales*, die sich um ihrer Faßlichkeit willen für mehrere Jahrhunderte größter Beliebtheit erfreut. Vielleicht stammt auch eine vielbenutzte *Anweisung zur Berechnung des Osterdatums* (von 562) von ihm. An CASSIODOR und BOËTUS schließt sich die Zusammenfassung in den ersten drei Büchern der *Origines* des ISIDORUS von Sevilla (570—636) an.

Inhaltlich sind alle diese Darstellungen sehr geringwertig; immerhin haben sie ein wenig Zahlentheorie und einige geometrische Grundbegriffe über die Stürme der Völkerwanderung hinweggerettet. Erst in den Schriften des für seine Zeit hochgelehrten BEDA VENERABILIS (674—735) finden wir etwas mehr, so z. B. die älteste schriftliche Erläuterung des sog. Fingerrechnens, d. h. die Darstellung von Zahlen durch bestimmte Hand- und Fingerhaltungen. Das war schon seit Jahrhunderten allgemein verbreitet, aber niemals systematisch aufgezeichnet worden. Das Interesse an mathematisierenden Gedankengängen ist in diesen unruhevollen Zeiten nicht durch den schematischen und unzulänglichen Lehrbetrieb der *artes*, sondern durch den philosophischen Kurs wachgehalten worden, der nur für die späteren Kleriker eingerichtet war. Hier wurden die von BOËTIUS stammenden Übersetzungen und Erläuterungen ARISTOTELISCHER Schriften und der von einigen NEUPLATONIKERN hinzugefügten Kommentare durchgearbeitet, in denen sich zahlreiche Anspielungen und Vergleiche mathematischer Natur vorfinden. Diese wurden von fleißigen Mönchen zunächst nur getreulich abgeschrieben und als unverstandenes Lehrgut weitergegeben; später sollten sie einen wichtigen Beitrag zur Wiedererweckung selbständigen mathematischen Denkens liefern.

Zur Mathematik

E. Bretschneider: *Medieval researches*, London 1910 (2 Bde).
A. Fliche: *La chrétienté médiévale* (395–1224), Paris 1929.
G. Grupp: *Kulturgeschichte des Mittelalters*, Paderborn I/III [3]1923, IV [3]1924, V [2]1925.
J. Hessen: *Patristische und scholastische Philosophie*, Breslau 1922.

5. Die Karolingische Frührenaissance und ihre Nachwirkungen (750–1100)

Die fortschreitende Konsolidierung der staatlichen Verhältnisse kommt auch der Pflege der Wissenschaften und Künste zugute. Es ist eine Kulturtat ersten Ranges gewesen, daß KARL der Große (742–814) im Jahr 781 den gelehrten Engländer ALCUIN von York

(730 ?—804) an seinen Hof gezogen und mit der Leitung seiner Palastschule und der Reorganisation des fast völlig darniederliegenden Unterrichtswesens im Frankenreich beauftragt hat. Mit meisterlichem Geschick hat ALCUIN die ihm gewordene Aufgabe gelöst. In der ihm 796 anvertrauten Abtei St. Martin in Tours hat er eine Musterschule eingerichtet. Für unterrichtliche Zwecke sind seine zusammenfassenden Darstellungen der Fächer des *Trivium* geschrieben; die *Osterrechnung* will der Durchführung des königlichen Erlasses dienen, wonach in jedem Kloster mindestens ein Mönch fähig sein sollte, das Osterdatum selbständig zu bestimmen. Vielleicht ist ALCUIN auch der Verfasser einer witzigen Sammlung von Rechenaufgaben, die unter dem Titel *Propositiones ad acuendos iuvenes* weite Verbreitung fand. Neben Tours gewannen in Frankreich die Schulen von Ferrières und Corbie, in Deutschland die von Fulda (reformiert von HRABANUS MAURUS, 784—856), Reichenau und St. Gallen Bedeutung. Es ging zunächst nur um die Verbesserung der bisherigen Lehrbücher und der Lehrmethode. Diesem Zweck dienen die Kommentare des JOHANNES ERIUGENA (810 ?—877 ?) und des REMIGIUS von Auxerre (841 ?—908 ?) zu MARTIANUS CAPELLA und die von ihnen beeinflußte deutsche Übersetzung des NOTKER LABEO (950 ?—1022).

Das elementare Zahlenrechnen — bisher in den theoretisch gehaltenen Arithmetiken kaum erwähnt — wird jetzt eingehend behandelt. Die erste uns überlieferte Darstellung des *Abacus*-Rechnens auf dem nach Spalten eingeteilten römischen Rechenbrett wurde zwischen 980 und 982 von GERBERT von Aurillac (940 ?—1003, seit 999 Papst SYLVESTER II.) niedergeschrieben und hat als Vorbild für eine große

Anzahl ähnlicher Rechenbücher gedient. GERBERT arbeitet bereits mit bezifferten Rechensteinchen, die er vielleicht während seines Aufenthaltes in Spanien (967/70) kennengelernt hatte. Das angewendete Verfahren unterscheidet sich vom modernen Zahlenrechnen vor allem durch das Fehlen der Null. GERBERTS geometrische Kenntnisse sind noch sehr gering und gehen ursprünglich nicht über das Wissen der römischen Feldmesser hinaus; erst als Abt von Bobbio findet GERBERT in der dortigen reichen Klosterbibliothek einen unerwarteten Schatz, nämlich Teile einer EUKLID-Übersetzung des BOËTIUS. Die Urfassung einer von GERBERT (vielleicht zwischen 983 und 991 in Reims) zusammengestellten *Geometrie* ist verloren. Wir kennen nur spätere Bearbeitungen, können aber aus einer brieflichen Diskussion über den Begriff des Außenwinkels und der Winkelsumme am Dreieck, die um 1025 zwischen einigen Lehrern der Mathematik an rheinischen Klosterschulen geführt wurde, manches über ihren Inhalt erschließen. Man wußte z. B. noch nichts von der EUKLIDISCHEN Parallelenlehre, über die man auch aus der Übersetzung und Erklärung des BOËTIUS zu ARISTOTELES nichts erfahren hatte, so daß die Winkelsumme im Dreieck rein experimentell bestimmt werden mußte. Der Tiefstand der geometrischen Kenntnisse wird noch deutlicher aus einer wissenschaftlich belanglosen Abhandlung des FRANCO von Lüttich über die Kreisquadratur (um 1050).

Während der Karolingischen Renaissance und in den beiden nachfolgenden Jahrhunderten ist das Interesse der führenden Gelehrten an mathematischen Gedankengängen keineswegs geringer geworden als früher; im ganzen hat sich das Niveau des Durchschnittswissens im Zusammenhang mit der Verbesserung des

Unterrichtswesens gehoben, aber noch nicht so weit, daß das Überkommene vollständig verarbeitet oder gar selbständig weitergeführt worden wäre. Beides war erst nach Aufnahme weiteren Gedankenguts möglich, das einerseits aus wieder aufgetauchten griechischen Originalen, andererseits aus den Übersetzungen über das Arabische und aus muslimischen Werken stammt.

Allgemeines

G. Grupp: *Kulturgeschichte des Mittelalters*, Paderborn I/III ^{3}1923, IV ^{3}1924, V ^{2} 1925.

A. Fliche: *La chrétienté médiévale* (395–1224), Paris 1929.

J. Hessen: *Patristische und scholastische Philosophie*, Breslau 1922.

M. Manitius: *Geschichte der lateinischen Literatur des Mittelalters*, München I 1911, II 1923, III 1931.

E. Patzelt: *Die Karolingische Renaissance*, Wien/Leipzig 1924.

J. Hashagen: *Kulturgeschichte des Mittelalters*, Hamburg-Blankenese 1950.

6. Die ersten großen Übersetzungen und ihr Einwirken auf die Frühscholastik (1100–1200)

Seit Beginn des 12. Jahrh. strömt den Gelehrten des lateinischen Abendlandes in immer reicherer Fülle neues Wissensgut zu, das einerseits aus der Übersetzung wiederaufgefundener oder neu zugänglich gemachter griechischer Originale (Unteritalien, Sizilien, Byzanz), andrerseits aus der Übersetzung und Übertragung arabischer Texte (Spanien) stammt. Gleichzeitig entwickelt sich unter dem Einfluß des ANSELM von Canterbury (1033–1109) und vor allem des PETRUS ABAELARD (1079–1142) eine klare und auf einfache Regeln gestützte Technik bei theologisch-philosophischen Untersuchungen, die sog. scholastische Methode. Man beginnt mit der Aufzählung der (grundsätzlich als verbindlich angesehenen) Ansichten der Kirchenväter und anderer Autoritäten zu einem Diskussionsgegenstand, wägt das Für und Wider der einzelnen Auffassungen sorgfältig ab, gibt den Entscheid auf Grund reiner Vernunftschlüsse und versucht auftretende Widersprüche durch Wahl eines hinreichend allgemeinen und umfassenden Standpunktes auszugleichen und aufzulösen. Dieses Verfahren wird von ABAELARD auf Grund der damals viel benutzten Grammatik des PRISCINIAN (um 550 n. Chr.) im Sinne einer reinen Sprachlogik entwickelt; später wird es mit der ARISTOTELISCHEN Logik zur sog. *logica moderna* verschmolzen (seit etwa 1175), die ganz mit allgemeinen mathematischen Auffassungen durchtränkt ist.

Von den logischen Schriften des ARISTOTELES waren ursprünglich nur die *Praedicamenta* und *Peri hermeneias* bekannt (in der Übersetzung des BOËTIUS, die sog. *vetus logica*); die *Analytica priora* und *posteriora*, die *Topica* und die *Sophistici elenchi* (die sog. *nova logica*) wurden zwischen 1136/41 durch THIERRY von Chartres (gest. um 1150) in den Lehrbetrieb eingeführt, aber nicht in der (schon damals sehr seltenen und heute verschollenen) Übersetzung des BOËTIUS, sondern in jener des JAKOB von Venetien (angefertigt 1128). Gleich zahlreichen andern Magistern der Schule von Chartres war THIERRY ein begeisterter Bewunderer der Alten. Sein großes Unterrichtswerk, das MS gebliebene *Heptateuchon*, enthält lateinische Auszüge aus 45 der besten antiken Schriftsteller. Er benutzt unter anderm das *Planisphaerium* des PTOLEMAIOS und das Rechenbuch des AL-ḪWÂRAZMÎ in den aus dem Arabischen besorgten Übersetzungen des HERMANN von Kärnten (von 1143), ferner eine etwa gleichzeitige, fälschlich dem BOËTIUS zugeschriebene Übersetzung der EUKLIDISCHEN *Elemente* (ohne Beweise). Noch größeren Einfluß übt GILBERT de la Porrée (1080 ?—1154), der bedeutendste Logiker der Schule von Chartres, dessen vielkommentierte *Sex principia* seit dem 13. Jahrh. an der Universität Paris als die maßgebliche Ergänzung neben der Lektüre der einschlägigen Schriften des ARISTOTELES verwendet wurden.

Um die nämliche Zeit findet sich in Toledo unter starker Förderung des Erzbischofs RAYMUND (1126 bis 1151) eine Übersetzerschule zusammen, aus der PLATO von Tivoli, RUDOLPH von Brügge, DANIEL von Morley und ROBERT von Chester zu nennen sind. Die Vermittlung geht größtenteils über jüdische Gelehrte, wie z. B. über ABRAHAM BAR CHIJJA (1070 ?—1136 ?), der eine aus den AGRIMENSOREN, aus HERON und aus EUKLID gezogene Einführung in die Geometrie verfaßt. Der getaufte Jude JOHANNES von Sevilla (gest. um 1153) übersetzt aus dem Arabischen und Hebräischen wörtlich ins Kastilianische, sein Mitarbeiter DOMENICO GUNDISALVI wörtlich weiter ins Lateinische. Im Vordergrund stehen logische und philosophische Schriften der Araber und Griechen, aber auch Astrologisch-Astronomisches, Medizinisches und Mathematisches wird weitergegeben. Trotz der großen Übersetzungsmängel finden diese Werke sogleich nach Bekanntwerden bei den lateinisch sprechenden Gelehrten stärkstes Interesse.

Weit höher steht die Übersetzungskunst des weitgereisten ADELHARD von Bath (1075 ?—1160 ?), der des Arabischen und Griechischen kundig und ein vorzüglicher Kenner des ARISTOTELES ist. Er übersetzt das Rechenbuch des AL-ḪWÂRAZMÎ und die EUKLIDISCHEN *Elemente* aus dem Arabischen, den PTOLEMAEISCHEN *Almagest* aus dem Griechischen (zwischen 1153 und 1160). Seine Vorlage ist ein byzantinischer Kodex, den HENRICUS ARISTIPPUS an den Normannenhof von Palermo gebracht hatte. Um die nämliche Zeit übersetzt der sizilianische Admiral EUGENIOS die PTOLEMAEISCHE *Optik* aus dem Arabischen. Eine andere Übersetzung des *Almagest* (1175) stammt von GERHARD von Cremona (1114—1187), der dem Abendland neben astronomischen Werken auch Teile der naturphilosophischen Schriften des ARISTOTELES und arabischer Erklärer und den wertvollen EUKLID-Kommentar des AN-NAIRÎZÎ mit seinen zahlreichen Hinweisen auf die Ansichten und Ergebnisse älterer griechischer und muslimischer Mathematiker zugänglich macht.

Schon HUGO von S. Victor (1096—1141), einer der einflußreichsten Pariser Magister, hatte in seiner Wissenschaftslehre (dem *Didascalion*) die Mathematik als rein theoretisches Fach neben die Theologie und Physik gestellt: Ihr Gegenstand sei die von der Wirklichkeit abstrahierte Quantität; ihre Aufgabe sei es, die komplizierte Wirklichkeit vermittels logischer Vernunftschlüsse zu entwirren. Sie beziehe sich auf die äußere Form der Dinge, nämlich die Arithmetik auf die Zahlen, die Musik auf die Proportionen, die Geometrie auf die Ausdehnung und die Astronomie auf die Bewegung. Unerschütterliche Wahrheiten seien nur durch die Anwendung der Vernunft zu gewinnen; die Erfahrung sei grundsätzlich der Täuschungsmöglichkeit unterworfen. Sein Schüler CLARENBALD von Arras (um 1160) verzichtet bereits auf eine scharf abgegrenzte Metaphysik; an ihre Stelle läßt er die *speculatio mathematica* und *theologica* treten. ALANUS ab Insulis (1120—1203 ?), der berühmte *doctor universalis*, versucht in seinen *Regulae theologiae* eine axiomatisch aufgebaute Darstellung der Theologie auf Grund der mathematisch-deduktiven Methode zu geben; NIKO-

LAUS von Amiens führt um 1190 in seiner *Ars catholicae fidei* in engstem Anschluß an die EUKLIDISCHEN *Elemente* eine rationale Theologie vor, und das unter völligem Verzicht auf die Autorität der Kirchenväter und den Ausgleich verschiedenartiger Lehrmeinungen vermittels der dialektischen Methode. Mit solcher Wucht strahlt das allgemeine Interesse an der mathematisch-logischen Methode bis in die Kernbereiche der Theologie hinein. Dieses Interesse fließt jedoch noch nicht aus tieferen mathematischen Einzelerkenntnissen; vielmehr ist es aus den übernommenen Werturteilen bei BOËTIUS, bei den NEUPLATONIKERN und bei den ARISTOTELES-Kommentatoren hervorgegangen. Das sachliche Wissen umfaßt kaum mehr als den Inhalt der planimetrischen Bücher EUKLIDS, das indische Zahlenrechnen und seine Anwendung zur Auflösung einfacher Textgleichungen. Bald wird das Wichtigste davon mit zum eisernen Bestand der höheren Bildung gehören.

Allgemeines

A. Brunet: *La Renaissance du XIIe siècle*, Paris 1933.

P. Duhem: *Études sur Léonard de Vinci*, Paris 1906/13 (4 Bde).

P. Duhem: *Le système du monde*, Paris 1913/17 (5 Bde), 1954/59 (5 Nachlaßbände).

M. Grabmann: *Die Geschichte der scholastischen Methode*, Freiburg 1909/11 (2 Bde).

B. Hauréau: *Histoire de la philosophie scolastique* I, Paris 1872.

Ch. H. Haskins: *Studies in the history of medieval science*, Cambridge (Mass.) 1924; *The Renaissance of the twelfth century*, Cambridge (Mass.) 1927.

F. J. C. Hearnshaw: *Medieval contributions to modern civilization*, New York 1922.

K. Laßwitz: *Geschichte der Atomistik vom Mittelalter bis Newton*, Hamburg 1889/90.

M. Manitius: *Geschichte der lateinischen Literatur des Mittelalters*. München I 1911, II 1923, III 1931.

F. Picavet: *L'origine de la philosophie scolastique en France et en Allemagne*, Paris 1888.

F. Strunz: *Geschichte der Naturwissenschaften im Mittelalter*, Stuttgart 1910.

L. Thorndike: *A history of magic and experimental science*, New York 1923/58 (8 Bde.).

7. Die Hochscholastik (13. Jahrhundert)

Im 13. Jahrh. vollzieht sich die große weltanschauliche Auseinandersetzung zwischen den überkommenen neuplatonisch-AUGUSTINISCHEN Lehrmeinungen und dem ARISTOTELISMUS, dem sich führende muslimische und jüdische Gelehrte angeschlossen hatten, wie AVICENNA (980—1037), AVENCEBROL (1020/21 bis 1069/70), AVERROËS (1126—1198) und MOSES MAIMONIDES (1135—1204). Schon um 1150 dringt DOMENICO GUNDISALVI auf eine Erweiterung des bisherigen Studienplans und auf Einfügung der wichtigsten ARISTOTELISCHEN Schriften in den Lehrgang der *artes liberales*. In der zweiten Hälfte des 12. Jahrh. streben die großen Dom- und Klosterschulen immer mächtiger empor und machen sich als „Universitäten" selbständig.

Um 1200 schließt sich die Kathedralschule von Notre Dame mit den Klosterschulen von St. Denis, St. Génévièv und St. Victor zur Pariser Universität zusammen, die nunmehr vier Fakultäten (*artistae*, *theologi*, *decretistae* und *medici*) umfaßt. Beinahe gleichzeitig entstehen die ähnlich organisierten Universitäten Oxford und Cambridge. Der Schüler tritt mit etwa zehn Jahren in die Artistenfakultät ein, der er sechs Jahre angehört. Erst nach bestandenem Schlußexamen darf er sich einer der drei andern Fakultäten zuwenden. Die einflußreichste und angesehenste Fakultät ist die theologische; der Lehrgang erstreckt sich auf acht Jahre und endet mit feierlicher Prüfung und Disputation. Wer weiterstrebt, erhält zunächst als *Baccalaureus* einen untergeordneten Lehrauftrag, dann bei Bewährung nach angemessener Frist das *Magisterium* (Lehrberechtigung an einer bestimmten Fakultät) und *Doktorat* (Lehrberechtigung an jeder Universität). Die Mathematik ist ein selbständiges Fach innerhalb der Artistenfakultät und erstreckt sich auf die Gegenstände des *Quadrivium*, tritt jedoch in ihrer Bedeutung immer mehr hinter der Logik, der Philosophie und der Theologie zurück.

Die geistige Führung an den Universitäten fällt alsbald den beiden Bettelorden, den Franziskanern (1210 gegründet vom hl. FRANZ v. Assissi, 1182—1226) und den Dominikanern (1215 gegründet vom hl. DOMINICUS, 1170—1221) zu; in ihren Reihen sammeln sich die bedeutendsten Forscher des Jahrhunderts. In Oxford nimmt 1225 ROBERT Bacon das Ordenskleid der Dominikaner, 1226 ADAM v. Marsh († 1258) das der Franziskaner; in Paris gewinnen die Dominikaner 1229 mit der Promotion des ROLAND v. Cremona eine erste, 1230 mit dem Beitritt des JOHANNES v. St. Aegidio eine zweite Lehrkanzel; den Franziskanern fällt 1231 durch den Eintritt des ALEXANDER v. Hales (1175? bis 1245) eine *cathedra* zu. Den zukünftigen Ordensgeistlichen steht außerdem auch das *studium generale* bzw. *provinciale* des Ordens als Ausbildungsstätte zur Verfügung.

Schon von Anfang an treten die Ordenslehrer mit den Weltgeistlichen in heißen wissenschaftlichen Wettstreit und drängen diese schließlich zurück. In Oxford finden die mathematisch-naturwissenschaftlich-sprachlichen Fächer besondere Pflege, in Paris steht die Philosophie und die Theologie obenan. In der ersten Hälfte des Jahrhunderts wird von allen Seiten versucht, das neue ARISTOTELISCHE bzw. Pseudo-ARISTOTELISCHE Lehrgut aufzunehmen und zu verarbeiten und mit der AUGUSTINISCHEN Tradition zu vereinigen; die auftretenden Widersprüche führen dazu, daß die Behandlung der ARISTOTELISCHEN Naturphilosophie in Paris mehrere Male untersagt wird (1210, 1215, 1231). Trotzdem werden die verbotenen Schriften seit 1231 von den angesehensten geistlichen Lehrern genau studiert und kommentiert und 1255 offiziell in den Lehrgang der *artes* aufgenommen, weil man inzwischen gelernt hat, die echten ARISTOTELISCHEN Schriften von den allein anstößigen unterschobenen zu trennen.

Solange die AUGUSTINISCHE Richtung noch vorherrscht, bleibt auch die Mathematik stark im Blickfeld des allgemeinen Interesses. WILHELM v. Auvergne (Pariser Magister, † 1249) ist ein Vertreter dieser Richtung; er erklärt das Gesetz vom Widerspruch und vom ausgeschlossenen Dritten und das Axiom vom Ganzen und vom Teil als die obersten Prinzipien der Wissenschaften. ROBERT Grosseteste (Oxforder Magister, 1175—1253) übersetzt ARISTOTELISCHE und neuplatonische Schriften aus dem Griechischen; er ist ein sehr selbständiger Denker, der den kirchlichen und wissenschaftlichen Autoritäten mit starken Vorbehalten gegenübertritt. In der Mathematik sieht er die unerläßliche Voraussetzung der Naturphilosophie. Am interessantesten ist seine Lichtmetaphysik, die von neuplatonischen Vorstellungen beeinflußt ist und sich mit ähnlichen Spekulationen des WILHELM v. Auvergne und des ALEXANDER v. Hales berührt. Neuartig ist der Versuch einer streng mathematisch-dynamischen Begründung unter Anwendung des Prinzips der größten Wirkung, wobei ganz moderne relativitätstheoretische Vorstellungen vorweggenommen werden. ROBERTS Schüler, der Franziskaner ROGER Bacon (Oxforder Magister, 1210 ?—1295 ?) will eine zusammenfassende Darstellung der ganzen weltlichen Wissenschaft geben. Er kennt EUKLIDS *Elemente*, die *Optik* von EUKLID und PTOLEMAIOS, dessen *Almagest* und die *Sphaera* des THEODOSIOS, ferner die *Isoperimeter-Abhandlung* und Einzelstücke aus HIPPARCH, APOLLONIOS und ARCHIMEDES, und schreibt eine interessante Optik („*Perspektive*"), die sein mathematisch wesentlich schwächer begabter Schüler JOHANNES Peckham (Magister in Paris und Oxford, 1240 ? bis 1292) zu einer vielbenutzten, aber unbedeutenden Kurzdarstellung zusammendrängt. Noch der Franziskaner ROGER v. Marston (Oxforder Magister, um 1280) hält (im Anschluß an AVERROËS) die mathematische Einsicht für tiefer als die in den Naturwissenschaften, und zwar nicht hinsichtlich des Erkenntnislichtes, wohl aber hinsichtlich des Erkenntnisstandes.

In der zweiten Hälfte des Jahrhunderts vollzieht sich im Kreis der Dominikaner die entscheidende Wendung zum ARISTOTELIMUS. ALBERTUS MAGNUS (1208 ? bis 1280) faßt den großen Plan, seinen Zeitgenossen das gesamte erreichbare Wissen der Griechen, Araber und Juden zugänglich zu machen und kritisch darzustellen. In Glaubenssachen will er dem AUGUSTINUS mehr vertrauen als dem ARISTOTELES, aber in der Naturwissenschaft soll dieser als die höchste Autorität gelten. ALBERT betont (gleich ROGER Bacon) die Notwendigkeit und die Bedeutung des naturwissenschaftlichen Experiments. Die Beobachtung der Himmelsvorgänge veranlaßt ihn, das ARISTOTELISCHE System zugunsten des PTOLEMAEISCHEN aufzugeben. Auch als Mathematiker wird ALBERT gerühmt, er ist sehr wahrscheinlich der Verfasser einer Überarbeitung des AN-NAIRÎZÎ-Kommentars zu EUKLID, in der neues Material (vor allem arabisches Lehrgut) auftritt.

Auch ALBERTS großer Schüler THOMAS v. Aquino (1225/26—1274) spricht nur mit größter Hochachtung von AUGUSTIN, wendet sich jedoch bei der philosophischen Begründung der christlichen Lehre, die ihm ganz besonders am Herzen liegt, von der neuplatonischen Richtung ab und orientiert sich ganz an ARISTOTELES. Zusammen mit seinem Freund, dem Franziskaner BONAVENTURA (1221—1274), bezwingt er den Widerstand des Weltklerus an der Pariser Universität gegen die Bettelorden (Mendicantenstreit 1252/57). Leidenschaftlich bekämpft er den lateinischen AVERROISMUS der Artistenfakultät (Hauptvertreter: SIGER v. Brabant, 1235 ?—1282), der die ARISTOTELISCHE Lehrmeinung übersteigernd auch in Glaubenswahrheiten als höchste Instanz ansieht. Während eines zweiten Magisteriums in Paris (1269/72) entbrennt der Kampf mit den Franziskanern und älteren Dominikanern, die auf einen Ausgleich des ARISTOTELISCHEN Systems mit AUGUSTIN hinarbeiten; es kommt zum öffentlichen Zusammenstoß mit JOHANNES Peckham (1270), zur kirchlichen Unterdrückung des lateinischen AVERROISMUS (1270, verstärkt 1277) und in diesem Zusammenhang unter Verkennung der Absichten des Aquinaten zur vorübergehenden Verurteilung einzelner THOMISTISCHER Lehren (1277, 1284, 1286).

THOMAS strebt nach einem möglichst gesicherten Text der ARISTOTELISCHEN Schriften und nach Ausscheidung des Unterschobenen. Diesem Zweck dient die Revision bzw. Neuübersetzung aus dem Griechischen, die (1260/70) von dem Dominikaner WILHELM v. Moerbeke (1215 ?—1286) besorgt wird. In der weiteren Auseinandersetzung um den THOMISMUS, die zu immer heftiger werdenden Streitigkeiten zwischen den an AUGUSTINUS festhaltenden Franziskanern einerseits und den Dominikanern, den Augustiner-Eremiten, den

Zisterziensern und den Karmeliten andererseits führt, erschöpft sich die Kraft der Hochscholastik; die weltliche Wissenschaft hat durch diese Diskussion keine wesentliche Förderung erfahren.

Der mathematische Unterricht in der Artistenfakultät beschränkt sich auf das elementare Rechnen, auf etwas Geometrie und Astronomie. An weitverbreiteten Darstellungen ist das knappe *Rechenbuch* des JOHANNES v. Sacrobosco (Paris, 1200?—1256?) und das *Lehrgedicht* des ALEXANDER v. Villedieu (um 1225) zu nennen, ferner die dem PTOLEMAEISCHEN Standpunkt folgende *Sphaera* des JOHANNES und ein *Computus ecclesiasticus* (1232). Gegen die Sphärik tritt MICHAEL SCOTTUS (1175?—1234?) auf, der 1217 die *Planetentheorie* des Westarabers ALPETRAGIUS (um 1200) übersetzt hatte, worin die alte ARISTOTELISCHE Lehre von den konzentrischen Himmelskugeln dargeboten wird. Die sich entspinnende Diskussion wird auf Grund des Beobachtungsmaterials sehr rasch zugunsten der Epizyklen des PTOLEMAIOS entschieden.

MICHAEL war Astrologe FRIEDRICHS II. (1194 bis 1250, seit 1215 Römischer Kaiser), an dessen Hof die weltlichen Wissenschaften wohlwollende Pflege fanden. Dem Kaiser und seinem Förderer MICHAEL widmet der aus dem Kaufmannsstand hervorgegangene und nicht an einer Universität herangebildete LEONARDO Fibonacci v. Pisa (1180?—1250?), der erste Fachmathematiker des Abendlandes, seine wertvollen und inhaltsreichen Fachschriften: Das *Rechenbuch* von 1202 (zweite Ausgabe 1228), die *praktische Geometrie* (1220), das unvollendete *Buch von den Quadraten* (1225) und eine Aufgabenauslese (*flos*); über zahlentheoretische Gegenstände der letzten beiden Schriften hat er in Anwesenheit des ihm wohlgesinnten Kaisers disputiert. LEONARDO stützt sich sowohl auf arabische wie auf griechische Quellen, so im Geometrischen auf die BANÛ MÛSÂ und auf ABRAHAM BAR CHIJJA, im Algebraischen und Zahlentheoretischen auf die DIOPHANTISCHE Tradition, ist jedoch in Auswahl, Anordnung, Beweisführung und veränderter Problemstellung durchaus selbständig.

LEONARDO rechnet mit der Null, mit negativen und irrationalen Zahlen wie mit gewöhnlichen. Er behandelt das chinesische Problem

$$x = 3t_1 + 2 = 5t_2 + 3 = 7t_3 + 2$$

vermittels der großen Erweiterung, wird durch das „Kaninchenproblem" auf die Zahlen der rekurrenten Folge $u_{n+1} = u_n + u_{n-1}$ (mit $u_0 = 0$, $u_1 = 1$) geführt, nähert Quadratwurzeln durch iterierte Anwendung der babylonischen Formel $\sqrt{a^2 + r} \sim a + r/2a$ und Kubikwurzeln vermittels

$$\sqrt[3]{a^3 + r} \sim a + r/(3a^2 + 3a + 1)$$

an, dürfte also das RUFFINI-HORNER-Verfahren gekannt haben. Dieses wird ihm wohl auch zur numerischen Auflösung von $x^3 + 2x^2 + 10x = 20$ verholfen haben (das sexagesimal geschriebene Ergebnis enthält 10 richtige Dezimalen), wobei festgestellt wird, daß $x = (20 - 2x) : (10 + x^2)$ weder rational noch durch einfache zusammengesetzte oder quadratische Irrationalitäten dargestellt werden kann. Die Summen der aufeinanderfolgenden geraden und ungeraden Quadratzahlen werden aus der Identität

$$k(k + 1)(k + 2) - k(k - 1)(k - 2) = 6k^2$$

durch Summieren gefunden. Die Aufgabe

$$x^2 + 5 = \square, \quad x^2 - 5 = \square$$

führt auf $x^2 = u^2 + v^2$, $5 = 2uv$ und wird durch $u = 40/12$, $v = 9/12$, also $x = 41/12$ gelöst (wohl Weiterbildung einer Anregung aus AL-KARAĞÎ). Interessant ist die Näherung $458\frac{1}{5} < \frac{1440}{\pi} < 458\frac{4}{9}$, aus der LEONARDO durch Mittelung der Schranken und Abkürzung zu $458\frac{1}{3}$ den Wert $\pi \sim 864/275 = 3{,}14\overline{18}$ erhält. Beachtlich ist der zierliche Beweis (der älteste, wie es scheint) dafür, daß sich die Seitenhalbierenden eines Dreiecks im Verhältnis 2 : 1 von der Spitze ab teilen. LEONARDOS Einfluß beschränkt sich zunächst auf Italien; erst später wird seine Bedeutung allgemein erkannt.

Etwas jünger als LEONARDO scheint JORDANUS Nemorarius zu sein, der wohl zu Unrecht mit JORDANUS Saxo († 1237), dem zweiten General der Dominikaner, gleichgesetzt worden ist. Er ist Verfasser mehrerer *algorithmischer Schriften*, in denen er — vielleicht unter dem Einfluß ARISTOTELISCHER Bezeichnungsweisen — Buchstaben an Stelle willkürlicher Zahlen setzt. Es bleibt jedoch bei unvollkommenen Versuchen, da einerseits jegliches Operationssymbol fehlt, andererseits die nämliche Größe bei fortschreitender Rechnung nicht durch den nämlichen, sondern durch verschiedene Buchstaben bezeichnet wird. Hier wie in der eigenartigen *Geometrie* benutzt JORDANUS muslimische Quellen; vielleicht war er des Arabischen kundig. Dafür würde sprechen, daß ihm eine lateinische Übersetzung des PTOLEMAEISCHEN *Planisphaerium* und eine Fassung der *Isoperimeter-Abhandlung* des ZENODOROS nach arabischen Bearbeitungen zugeschrieben wird.

Ein Zeitgenosse des JORDANUS ist JOHANNES CAMPANUS v. Novara (um 1260), dem wir die für mehr als zwei Jahrhunderte maßgebliche Revision der EUKLIDISCHEN *Elemente* aus dem Arabischen verdanken. Der Text ist sorgfältig und gut behandelt; an einigen Stellen finden sich interessante Zusätze, die größtenteils schon in der Vorlage (ADELHARD v. Bath) stehen. Eingehend wird die Frage untersucht, ob der Kontingenzwinkel (zwischen Bogen und Tangente am Kreis) die Größeneigenschaft hat oder nicht. CAMPANUS, der mit dem Winkel eine flächenhafte Vorstellung verbindet, bejaht die Größeneigenschaft; für ihn ist das Verhältnis des Kontingenzwinkels zum rechten Winkel etwas Irrationales, jedoch von anderer Art als die Irrationalität zwischen der Seite und Diagonale des Quadrats. Andererseits leugnet er die Allgemeingültigkeit des Zwischenwertsatzes (was größer und kleiner werden kann, muß auch gleich werden). Derlei Fragestellungen wurden später von philosophischer Seite mit größtem Interesse aufgenommen. CAMPANUS kommentiert ferner die *Sphäriken* des MENELAOS und THEODOSIOS und wahrscheinlich auch die JORDANISCHE Übersetzung des PTOLEMAEISCHEN *Planisphaerium*. Die ihm unterschobene *Kreisquadratur* — ein minderwertiges Machwerk, das auf die Annahme $\pi = 3^1/_7$ hinauskommt — stammt sicher nicht von ihm, sondern vermutlich von JOHANNES Peckham.

Zur nämlichen Zeit, da CAMPANUS an seiner EUKLID-Revision arbeitet, bereitet WILHELM von Moerbeke (1215?—1286) seine großen Übersetzungen des ARISTOTELES und des PROKLOS aus dem Griechischen für THOMAS v. Aquino vor. Zwischen 1268 und 1272 wagt er sich sogar an Schriften von HERON, PTOLEMAIOS und ARCHIMEDES. Seine beinahe wörtliche Übersetzung — bei der Schwierigkeit des Gegenstandes nichts Überraschendes — bleibt zunächst wirkungslos.

Andere kleine Stücke aus den griechischen ARISTOTELES-Kommentaren, so z. B. eine verkürzte Darstellung der HIPPOKRATISCHEN Möndchenquadratur, die PLATONISCHE Einschiebung zweier geometrischer Mittel, die *Isoperimeter-Abhandlung* des ZENODOROS, die ARCHIMEDISCHE *Kreisquadratur* und Teile der *Spiralenabhandlung*, laufen seit dem Ende des 13. Jahrh. in Fassungen verschiedener Übersetzer um und werden gelegentlich auch zitiert. Zum Freundeskreis MOERBEKES zählt WITELO, Verfasser einer größtenteils fast wörtlich aus ALHAZEN (= IBN AL ḤAIṮAM) übersetzten *Optik*, in die auch Stücke aus EUKLID, APOLLONIOS und PTOLEMAIOS übergegangen sind. Das Beste, was um diese Zeit auf optischem Gebiet geleistet wurde, gehört dem sich an AUGUSTIN orientierenden Dominikaner DIETRICH v. Freiberg (1250?—1310?): die völlig richtige Erklärung des Regenbogens.

Ganz abseits von dieser Entwicklung steht RAMÓN LULL (1235?—1315), der unerbittliche Gegner des lateinischen AVERROISMUS. Er glaubt durch seine auf methodischer Begriffskombination beruhende *Ars magna* (das Wesentliche entstanden zwischen 1265 und 1274) ein allumfassendes Wissenschaftssystem, die *scientia generalis*, gewinnen zu können. Wir haben den ersten, wenn auch noch unvollkommenen Versuch einer generellen Axiomatisierung aller Wissenschaften vor uns. Er blieb den Zeitgenossen völlig unverständlich, hat aber seit dem beginnenden 16. Jahrh. steigende Beachtung gefunden und vor allem auf LEIBNIZ entscheidend eingewirkt.

Die Hochscholastik, beherrscht von der philosophischen Auseinandersetzung zwischen dem NEUPLATONISMUS und dem ARISTOTELISMUS, hat wenig Interesse an mathematischen Fachstudien. Nur am Rande erfahren sie wohlwollende Pflege; vor allem hebt sich der Kenntnisstand auf geometrischem Gebiet, seitdem Teile der EUKLID-Übersetzung des CAMPANUS mit in die mathematischen Unterweisungen an der Artistenfakultät aufgenommen werden. Schon lassen sich die ersten Anzeichen für eine stärkere Pflege des rein Fachlichen erkennen.

Allgemeines, Universitäten, Orden

A. Brunet: *La Renaissance du XIIe siècle*, Paris 1933.

P. Duhem: *Études sur Léonard de Vinci*, Paris 1906/13 (4 Bde).

St. d'Irsay: *Histoire des universités françaises et étrangères des origines jusqu'à nos jours*, Paris 1933/35.

C. E. Bulaeus: *Historia universitatis Parisiensis*, Paris 1665/73 (6 Bde).

H. Denifle: *Les Universités françaises au moyen-âge*, Paris 1892.

Ziegelbauer: *Historia rei litterariae Ordinis S. Benedicti*, Wien 1754.

Dom François: *Bibliothèque générale des écrivains de l'ordre de Saint-Benoît*, Bouillon 1777/78.

L. Wadding: *Scriptores ordinis Minorum*, Rom 1650; *Supplementum* ed. Sbaralea, Rom 1806/08 (2 Bde); ²ed. Nardecchia, Quaracchi 1906 (3 Bde).

P. de Martigné: *La scolastique et les traditions franciscaines*, Paris 1888.

A. G. Little: *The grey friars in Oxford*, Oxford 1892.

W. M. Bryce: *The Scottish grey friars*, Edinburgh/London 1909 (2 Bde.).

H. Felder: *Geschichte der wissensch. Studien im Franziskanerorden bis um die Mitte des 13. Jahrh.*, Freiburg i. Br. 1904.

H. Holzapfel: *Handbuch der Geschichte des Franziskanerordens*, Freiburg i. Br. 1909.

J. Quétiv-J. Échard: *Scriptores ordinis Praedicatorum*, Paris 1719–1721; ²ed. Fr. R. Coulon, Paris 1910.

P. Mortier: *Histoire des maîtres généraux de l'ordre des Frères Prêcheurs*, Paris 1903/11 (5 Bde).

J. F. Ossinger: *Bibliotheca Augustiniana*, Ingolstadt 1768.

C. de Villiers-St. Étienne: *Bibliotheca Carmelitana*, Orléans 1752 u. ö.

Ch. de Visch: *Bibliotheca Scriptorum S. Ord Cist.*, Douai 1649, Köln 1656.

B. Tissier: *Bibliotheca Patrum Cisterciensium*, Bonnefontaine 1660/69.

L. Goovaerts: *Ecrivains, artistes et savants de l'Ordre de Prémontré*, Brüssel 1899/1909 (3 Bde).

F. Picavet: *La science experimentale au XIIIe siècle en Occident*, Paris 1894.

8. Die Spätscholastik (14. Jahrhundert)

Im nachfolgenden Jahrhundert ist die systembildende Kraft der Hochscholastik erschöpft. Der unfruchtbare Streit zwischen den THOMISTEN und ihren Gegnern, die sich nunmehr an den kritischen Arbeiten des Franziskaners JOHANNES Duns Scotus (1270 ? bis 1308; erneuter Ausgleichsversuch zwischen AUGUSTIN und ARISTOTELES) orientieren, geht mit unverminderter Schärfe weiter. Wer sich nicht an diesen Auseinandersetzungen beteiligen will, hält es mit der *via moderna* (gemäßigter Nominalismus) des WILHELM von Ockham (1300 ?—1349/50), dessen wissenschaftliches Verdienst vor allem auf dem Gebiete der Logik gelegen ist. Die neue Richtung blüht (trotz kirchlicher Verbote von 1339/40) an den hohen Schulen zu Oxford, Paris, Wien (gegründet 1365) und Erfurt (gegründet 1392); ihre Vertreter interessieren sich sehr stark für Mathematik und Naturwissenschaften und bahnen neuen Vorstellungen auf diesen Gebieten den Weg.

Nur am Rande erwähnen wir, daß JOHANNES de Sacroboscos Rechenbüchlein noch immer sehr beliebt ist und durch den Kommentar des PETRUS de Dacia (1291) manche formale und inhaltliche Verbesserung erfährt; andere Rechenbücher sind die von JOHANNES de Muris (1290 ?—1360 ?), von dem südfranzösischen Juden LEVI ben Gerson (1288—1344), von JOHANNES de Lineriis (1300 ?—1350) und von dem zweisprachigen BERNHARD Barlaam (1290 ?—1348 ?). Einige dieser Darstellungen enthalten auch das algebraische Verfahren der Muslime zur Behandlung einfacher Gleichungen. Die trigonometrischen Kenntnisse des LEVI ben Gerson, der Oxforder Magister RICHARD v. Wallingford (1292 ?—1336), JOHANNES Mauduith (um 1320), SIMON Bredon (um 1380) und des Pariser Magisters DOMENICUS de Clavasio (um 1370) sind nur Lesefrüchte aus westarabischen Werken; hingegen zeigen LEVIS Gedanken zum Parallelenpostulat zwar Kenntnis der muslimischen Beiträge zu diesem Gegenstand, jedoch auch eigene Züge.

Auf neuen Bahnen bewegt sich der Oxforder Magister THOMAS Bradwardine (1290?–1349), dem das ganze philosophische und theologische Wissen seiner Zeit zu Gebote steht. Seine *Arithmetik* ist eine an BOËTIUS orientierte Zahlenlehre, die *Geometrie* eine als Einführung für Philosophen gedachte und sehr gedrängte Übersicht über das Interessanteste aus EUKLID nach CAMPANUS mit fortgesetzten Rückverweisen auf ARISTOTELES und BOËTIUS. Hier finden wir auch einen Hinweis auf die ARCHIMEDISCHE *Kreisquadratur* und einen Auszug aus der *Isoperimeter-Abhandlung des* ZENODOROS, ferner (im Anschluß an CAMPANUS) eine Darlegung der Kontingenzwinkelfrage und der Inkommensurabilität zwischen Seite und Diagonale am Quadrat. Die Bestimmung der Winkelsumme am Sternvieleck und eine Studie über die Raumerfüllung durch regelmäßige Körper (unter Rückverweis auf AVERROËS) gehen weiter als CAMPANUS. In enger Beziehung zu diesen Erörterungen steht die Abhandlung *De continuo*, die eine Reihe ähnlicher (bisher noch nicht veröffentlichter) inauguriert hat. THOMAS behandelt Stetigkeitsfragen und die möglichen Arten des Unendlichen, Spätere (wie ALBERT v. Sachsen) Extremwertfragen und dergleichen mehr. In der *Proportionenlehre* von 1328 wird die EUKLIDISCHE Theorie von den Verhältnissen und geometrischen Mitteln verbal dargeboten; bei dieser Gelegenheit erscheint nicht nur (wie in der Vorlage) $a^2 : b^2$ als das „doppelte" Verhältnis von $a : b$, sondern auch $\sqrt{a} : \sqrt{b}$ als das „halbe" Verhältnis. Das ARISTOTELISCHE Bewegungsgesetz $v = K : R$ (v = Geschwindigkeit, K = bewegende Kraft, R = hemmender Widerstand) wird – wenn wir BRADWARDINES

Überlegung ganz modern ausdrücken — in $v = \log(K/R)$ umgewandelt und rechnerisch benutzt, aber nicht experimentell geprüft. Diese Schrift hat stark auf ALBERT v. Sachsen eingewirkt.

Etwas jünger als THOMAS ist NIKOLAUS Oresme (1323 ?—1382), seit 1356 Vorstand des Pariser Kollegs von Navarra. Im *Algorismus proportionum* führt er die Gedankengänge BRADWARDINES weiter und entwickelt die Hauptsätze des Rechnens mit Bruchpotenzen. Dieses Werk kam später nicht zum Druck; sein wesentlicher Inhalt ist jedoch in die einschlägigen Veröffentlichungen des H. DE HANGEST († 1538) und des A. THOMAS (um 1510) übergegangen. Noch bedeutender ist der bis heute nur auszugsweise bekannte Traktat *De uniformitate et difformitate intensionum* (vor 1371), der später in verkürzter Bearbeitung eines Schülers zum Druck kam. Hier wird die Zunahme und Abnahme der ARISTOTELISCHEN Qualitäten rein symbolisch durch Figuren zwischen geradlinigen und kreisförmigen Stücken dargestellt, und zwar ist das Primäre nicht die Funktion und ihre Veränderung, sondern die Figur. Unter Anwendung dieser Methode wird in Zusammenhang mit der sich damals vollziehenden Umbildung der ARISTOTELISCHEN Lehre von der Wurfbewegung zur sog. *Impetus*-Theorie die Lehre von der gleichförmig beschleunigten Bewegung entwickelt. Die neue Theorie ORESMES dringt unter der Bezeichnung *latitudines formarum* in den Universitätsbetrieb ein; ihre Kenntnis wird z. B. in Köln seit 1398 bei der Baccalaureusprüfung gefordert. An ähnlichen Darstellungen seien die von WALTER Burleigh (um 1340), RICHARD Swineshead (um 1350), MARSILIUS v. Inghen (1330 ?—1396) und ALBERT v. Sachsen (1320 ?—1390) und ein Kommentar des BIAGIO v. Parma (1350 ?—1416) genannt. Die quantitative Berechnung der in diesen Traktaten geometrisch angedeuteten Zusammenhänge findet sich in RICHARD Swinesheads *Calculationes*, dem Vorbild für viele ähnlich geartete Aufgabensammlungen. Jetzt werden sogar unendliche geometrische Reihen behandelt und mit arithmetischen kombiniert; z. B. wird in den *Calculationes* $\sum_{k=0}^{\infty} (k+1)/2^k = 4$ rechnerisch bestimmt. NIKOLAUS Oresme gibt in den *Intensiones* einen geometrischen Beweis durch Übereinanderschichten der durch fortwährendes Halbieren aus einem Quadrat herstellbaren Rechtecke gleicher Höhe und ermittelt auf Grund bewegungsgeometrischer Überlegungen weitere Summen unendlicher Reihen. In den *Quaestiones* zeigt er rechnerisch, daß $\sum_{k=1}^{\infty} a\left(\frac{1}{n} - 1\right) \cdot n^k = a$, falls $n < 1$; dort wird auch bewiesen, daß die Summe einer Reihe mit lauter positiven abnehmenden Gliedern keineswegs endlich sein muß. Das Gegenbeispiel ist die harmonische Reihe, deren Teilsummen $\sum_{k=1}^{2^n} 1/(2^n + k) > \frac{1}{2}$ sind (n ganz, $\geqq 1$). Im Druck sind einige dieser Ergebnisse bei A. THOMAS zu finden. Dort werden z. B. zusätzliche Schranken für $1 + \sum_{k=1}^{\infty} (k+1)/(k \cdot 2^k) [= 2 + \ln 2]$ angegeben. Verwandte Fragen erscheinen in der einschlägigen Literatur über *Sophismata* und *Insolubilia* bei ALBERT v. Sachsen, WALTER Burleigh und WILHELM Heytesbury (1310?–1380).

Angesichts des zur Zeit erst lückenhaft bekannten Materials über die Spätscholastik läßt sich nichts Sicheres über die Quellen ORESMES angeben, doch wird wohl mit Recht vermutet, daß eine mittelbare Beeinflussung durch arabische und griechische Vorbilder vorliegt. Daß dem großen Forscher erstaunlich viel zugänglich war, geht aus Bezugnahmen auf die *Spiralenabhandlung* des ARCHIMEDES hervor.

Ihrer geistigen Haltung nach gehören BRADWARDINE und ORESME noch ganz zur Scholastik, aber schon zu jener späten Entwicklungsstufe, die den Übergang zu einer neuen Denkrichtung vorbereitet. Der Sukzessionskrieg zwischen Frankreich und England (1339 bis 1453) läßt die Hörsäle veröden und verhindert, daß die Ideen der beiden letzten Mathematiker der Scholastik den richtigen Widerhall finden. Im Kreis ihrer Schüler ist keine einzige mathematisch schöpferische Persönlichkeit vorhanden: sie alle sind tüchtige Logiker und unermüdliche Kommentatoren, wie etwa ALBERT v. Sachsen, dessen *Traktat über die Kreisquadratur* das Muster einer fleißigen und mit kritischer Sorgfalt abgewogenen Zusammenstellung bietet — aber ihnen mangelt die Fähigkeit, selbständig Neues hervorzubringen. Deshalb reißt die wissenschaftliche Tradition mit dem Ausgang der Spätscholastik plötzlich und fast unvermittelt ab: Die Neuzeit knüpft hinsichtlich der mathematischen Kerngedanken nicht bewußt, sondern nur gefühlsmäßig an die ihr vorausgegangene Epoche an; sie empfängt den großen Impuls aus der erneuten und unmittelbaren Berührung mit der Antike.

Allgemeines

J. Huizinga: *Herbst des Mittelalters*, deutsch v. T. J. Mönckeberg, München 1924, [2]1928.
A. Maier: *Das Problem der intensiven Größe in der Scholastik*, Leipzig 1939, [2]Rom 1951.
A. Maier: *Die Impetustheorie der Scholastik*, Wien 1940, [2] Rom 1951.
A. Maier: *An der Grenze zwischen Naturwissenschaft und Scholastik*, Essen 1943, [2]Rom 1952.

A. Maier: *Die Vorläufer Galileis im 14. Jahrhundert*, Rom 1949.
G. M. Manser: *Die Geisteskrise des XIV. Jahrh.*, Freiburg (Schweiz) 1915.
K. Michalski: *Les courants philosophiques à Oxford et à Paris pendant le XIVe siècle*, Krakau 1922.
H. Suter: *Die Mathematik auf den Universitäten des Mittelalters*, Zürich 1887.
K. Werner: *Die Scholastik des späten Mittelalters*, Wien 1881–1887 (3 Bde).
M. Clagett, *The science of mechanics in the middle Ages*, Madison-London 1959.

9. Die Byzantiner (10. bis 14. Jahrhundert)

Trägerin der hochstehenden und sehr verfeinerten Geisteskultur der späteren Byzantiner (sie selbst bezeichnen sich als *Romäer*) ist eine dünne, sich innerhalb der rohen und in Unwissenheit gehaltenen großstädtischen Mischbevölkerung ausschließlich des Griechischen bedienenden Oberschicht. Sie gewinnt nach den unseligen Zeiten des Bildersturmes (726–843) und deren verheerenden Folgen langsam wieder an innerer Kraft und hält sich fast bis zum Zusammenbruch des oströmischen Reiches auf beachtlicher Höhe.

Mit dem aus vornehmem Geschlecht stammenden und anfangs in hohen Verwaltungsposten tätigen PHOTIOS (820 ?–891 ?), der als heißumkämpfter Patriarch von Konstantinopel (858–867, 877–886) in heftigen Konflikt mit der Westkirche gerät und den Grundstein zur endgültigen Trennung von 1054 legt, setzt im wissenschaftlichen Betrieb die Rückkehr zum Studium des ARISTOTELES und seiner Erklärer ein; des PHOTIOS Schüler ARETHAS (860–932 ?) wendet sich mehr dem PLATONISMUS zu. Es geht diesen verdienstvollen Gelehrten und ihren Nachfolgern nicht so sehr um die Vermehrung des bisherigen Wissensgutes, als um die in aufschlußreichen Kommentaren niedergelegte Zusammenfassung, Abklärung und logische Durchdringung des Überkommenen, das in möglichster Sorgfalt wörtlich wiedergegeben wird. Um diese Zeit schreibt HERON von Byzanz (938, vielleicht nur Deckname) im Anschluß an den Alexandriner HERON über Kriegsmaschinen und Vermessungslehre. Im Mittelpunkt des Lehrbetriebes an den Hochschulen steht ähnlich wie im Westen das *Quadrivium*, wird jedoch viel intensiver gelehrt. Wir kennen die Darstellung des GREGORIOS Monachos (1008) und des GEORGIOS Pachymeres. In Randnoten zu beiden erscheinen bereits ostarabische Ziffern, jedoch ohne richtiges Verständnis für das Wesen des Positionssystems.

Eine bedeutende Persönlichkeit ist MICHAEL Psellos (1018—1080 ?), Leiter der um 1050 neu eingerichteten Akademie und Lehrer des Kaisers MICHAEL VII. Parapinakes (1071—1078). Er betätigt sich auf allen Gebieten des damaligen wissenschaftlichen Lebens und schreibt Kommentare zu ARISTOTELES, zu PORPHYR und PLATON, den er über alles schätzt. Sein Nachfolger JOHANNES Italos (verbannt 1082) wendet sich wieder stärker den logischen Schriften des ARISTOTELES zu. Vorzugsweise der ARISTOTELISCHEN Logik gehört auch das Lebenswerk des NIKEPHOROS Blemmides (1197—1272), des SOPHONIAS (um 1290) und des vielseitigen GEORGIOS Pachymeres (1242 ? bis 1310 ?), der jedoch auch die mathematischen Stellen bei ARISTOTELES vornimmt und recht gut über DIOPHANT Bescheid weiß.

Das indische Rechnen wird erstmals in einer anonymen Schrift von 1252 dargelegt, dann 1300 von MAXIMOS Planudes (1255 ?—1310); dessen Darstellung wird 1340 von NIKOLAUS Rhabdas († 1350) herausgegeben, dem wir auch eine Schilderung des Fingerrechnens verdanken. Das Ziffernrechnen ist allerdings bei den byzantinischen Gelehrten nie recht heimisch geworden.

Manuel Moschopulos (um 1300) gibt allgemeine Methoden zur Bildung magischer Quadrate, die durch die Muslime angeregt worden sein könnten, Nikephoros Gregoras (1291 ?—1368) schlägt eine astronomisch wohlbegründete Kalenderreform vor, die nur aus politischen Gründen zurückgestellt wird, Johannes Pediasimos schreibt um 1330 eine Geometrie im Stil des Alexandriners Heron und Maximos Planudes gibt den Diophant mit Kommentar heraus; Theodoros Metochites (1260 ?—1332) arbeitet über Euklid (Elemente X, Optik, Katoptrik), Nikomachos, Apollonios, Serenos, Ptolemaios und Theodosios. Der aus Calabrien stammende zweisprachige Mönch Bernhard Barlaam (1280 ?—1348 ?), der 1339 als byzantinischer Gesandter mit Papst Benedikt XII. (1334—1342) über eine Reunion verhandelt und nach Scheitern seines Auftrags zur römischen Kirche übertritt (er hat Petrarca in die griechische Sprache eingeführt), schreibt ein Rechenbuch und deutet Buch II der Euklidischen *Elemente* arithmetisch (d. h. eigentlich algebraisch) aus. Isaac Argyros (1310 ?—1371) schreibt Scholien zu Euklid, *Elem.* I/VI. Er übersetzt astronomische Werke aus dem Persischen ins Griechische und handelt ausführlich von der Quadratwurzelbestimmung.

Wir haben hier Einzelleistungen vor uns, die nicht mehr in einen größeren Zusammenhang gehören. Das ist nicht weiter verwunderlich; denn inzwischen ist das Ostreich, seit der Erstürmung von Byzanz während des 4. Kreuzzuges (1202—1204) und der Aufrichtung des kurzlebigen lateinischen Kaisertums (1204 bis 1261) in seiner politischen Kraft gebrochen, beinahe völlig auf das Gebiet der Hauptstadt beschränkt und geht dem unausweichlichen Untergang entgegen. Die Hoffnung auf Hilfe aus dem Westen scheitert, da sich die Unionsverhandlungen mit den Päpsten zerschlagen. So strömen immer mehr griechische Gelehrte nach Italien, wo sie z. T. eine neue Heimat finden und innerhalb der philosophischen, wissenschaftlichen und künstlerischen Bestrebungen der Renaissance eine große Rolle spielen.

Allgemeines

Fuchs: *D. höheren Schulen von Konstantinopel*, Leipzig/Berlin 1926.

H. Gelzer: *Byzantinische Kulturgeschichte*, Tübingen 1909.

H.-W. Haussig: *Kulturgeschichte von Byzanz*, Stuttgart 1959.

K. Krumbacher: *Geschichte der byzantinischen Literatur*, ^{2}München 1897.

A. N. Rambaud: *Études sur l'histoire byzantine*, ^{2}Paris 1922.

IV. Abschnitt

Humanismus (etwa 1300 bis 1580 n. Chr.)

1. Übergang vom Mittelalter zur Neuzeit (etwa 1300—1500)

Die Abwendung vom Mittelalter vollzieht sich im Abendland in Form einer tiefgehenden weltanschaulichen Umorientierung, jedoch nicht plötzlich und unvermittelt, sondern in einem langandauernden Umbildungsprozeß, der sich auf mehrere Generationen erstreckt. Die ersten Anzeichen neuartigen Fühlens zeigen sich schon in der von antiken Vorbildern beeinflußten Reliefkunst des NICCOLÒ PISANO (1216 ?—1278) und in der mit Begeisterung aufgenommenen und weitergebildeten naturalistischen Malweise GIOTTOS (1266 bis 1337). An Stelle des Typischen tritt das Individuelle, an Stelle der allegorischen Sinndeutung die realistische Wiedergabe des Sachverhaltes; der einzelne fängt an, sich als ichbezogene Persönlichkeit zu empfinden und strebt nach Freiheit des Denkens, der Meinungsäußerung und des Glaubens. Die mittelalterliche Theokratie, die im Papst den Stellvertreter Gottes auf Erden sieht, ist seit der Übersiedlung der Kurie nach Avignon (1309) und vor allem im Zusammenhang mit dem großen Schisma (1378—1417) nur mehr eine Fiktion; das mittelalterliche Kaisertum ist mit dem tragischen Untergang der Hohenstaufen zu Ende. Das staatliche Gefüge des Abendlandes wird nicht mehr von Papst und Kaiser bestimmt, sondern von den auf nationaler Grundlage stehenden und immer mehr erstarkenden Erbmonarchieen, deren kompliziertes Kräftespiel zur Ausbildung einer sich später weitgehend an N. MACHIAVELLI (1469—1527) orientierenden und rein auf den Machtstandpunkt stellenden Diplomatie und Staatskunst führt.

Das Lateinische, ehedem als die Kirchensprache des Westens die unbestrittene und allgemein anerkannte Weltsprache des Abendlandes, wird langsam durch die Muttersprachen verdrängt und kann sich später nur mehr als Gelehrtensprache halten. Autorität und Tradition verlieren ihre einstige Anziehungskraft und werden im Zusammenhang mit den ins Ungeheuerliche angewachsenen Mißständen auf rechtlichem, sozialem und kirchlichem Gebiet als untragbare Fesseln empfunden.

Die Systeme der mittelalterlichen Philosophie sind erstarrt und bieten in ihrem bis zum letzten durchgearbeiteten Bereich nichts Anziehendes mehr; neues geistiges Leben wächst nicht im Schoße der scholastisch orientierten Universitäten heran, an denen sich die traditionsgebundene Gelehrsamkeit noch lange zu halten vermag, sondern an den Höfen der mächtig emporstrebenden Fürstenhäuser, und nirgends so stark wie in Italien. Von hier geht nicht nur die künstlerische, sondern auch die literarische Renaissance aus; sie sucht und findet ihr Vorbild in der Antike, und zwar in den bis dahin fast völlig unbekannt gebliebenen Meisterwerken der großen griechischen und römischen Dichter, Redner, Geschichtsschreiber und Philosophen, deren Schriften so lange studiert werden, bis man das klassische Latein — welch ein Gegensatz zu der spätlateinischen und weitgehend entarteten Kirchensprache! — und das klassische Griechisch wirklich versteht und selbst rein zu sprechen vermag.

Diese literarische Bewegung beginnt mit FR. PETRARCA (1304—1374) und G. BOCCACCIO (1313—1375), der den zweisprachigen, aber unzureichend vorgebildeten Calabresen LEONTIUS PILATUS als Lehrer des Griechischen nach Florenz zieht (1359/62, Prosaübersetzung der *Ilias*). Sie erhält einen neuen mächtigen Auftrieb im Zusammenhang mit den Unionsbestrebungen zwischen dem byzantinischen Patriarchat und dem römischen Papsttum. Der Byzantiner M. CHRYSOLORAS (1350?—1415), ein Schüler des Neuplatonikers G. G. PLETHON (1355?—1450), kommt 1391 in diplomatischer Mission nach Italien, wirkt seit 1397 als öffentlicher Lehrer der griechischen Sprache und Literatur in Florenz, dann in Pavia, Venedig und Rom, fertigt eine bedeutsame Übersetzung von PLATONS *Staat* an und führt eine große Anzahl von sprachlich hochbegabten jüngeren Gelehrten in seine Muttersprache ein, darunter den Handschriftensammler NICCOLÒ DE NICCOLI (1363—1437, Florenz), den Historiker L. BRUNI (1369—1444, Übersetzungen von Stücken aus ARISTOTELES und PLATON) und den Diplomaten G. FR. POGGIO (1380—1459). Zu seinen indirekten Schülern zählen FRANCESCO BARBARO (1398—1454) und dessen Neffe ERMOLAO (1454—1493, ARISTOTELES-Übersetzer), ferner FR. FILELFO (1398—1481, ARISTOTELES-Übersetzer), vielleicht auch VITTORINO DA FELTRE (1368—1446) und P. C. DECEMBRIO (1399—1477, Übersetzung von PLATONS *Staat*). Unmittelbar in Konstantinopel lernt der Venetianische Handschriftensammler G. AURISPA (1369?—1460); sein Schüler ist der Dichter L. VALLA (1407?—1457, seit 1450 Professor des Griechischen in Rom).

Der stärkste Impuls geht von dem Philosophen PLETHON aus, der 1438 mit JOHANNES VIII. Paläologus (1391—1448, Kaiser 1425) zum Unionskonzil nach Florenz kommt und während seines Aufenthalts in Italien bei COSIMO I. de'Medici (1389—1464, Gebieter der Republik seit 1434) zu Gast ist. Er glaubt den NEUPLATONISMUS zu neuem Leben erwecken zu können — den Gebildeten ein Ersatz für christliche Weltanschauung und Lebensform. Diesem Zweck dient der *Vergleich zwischen Aristoteles und Platon* (um 1440). Auf PLETHONS Einfluß geht die Gründung der *Marciana* zurück (1441) — der berühmten Florentiner Bibliothek, deren Hauptbestand NICCOLIS Handschriftensammlung bildet und die nach Plänen des feingebildeten T. PARENTUCELLI (1397—1455, seit 1447 Papst NIKOLAUS V.) eingerichtet wird. PLETHONS Schüler und Freund ist der edle und gütige B. BESSARION (1403—1472, seit 1436 Erzbischof von Nicaea), ein Mann von erlesenem Wissen, der als Berater des byzantinischen Kaisers die (vorübergehende) Glaubensunion von Florenz (1439) zustande bringt, zur römischen Kirche übertritt (1440 Kardinal) und als geschickter Diplomat eine bedeutungsvolle Rolle im politischen Leben spielt; er ist der geistige Mittelpunkt der neuen Bestrebungen in Italien. Hilfsbereit unterstützt er den Mazedonier THEODOR von Gaza (1400 ?—1473 ?), der 1440 vor den Türken nach Italien flüchtet, den Grammatiker K. LASKARIS (1434—1501, seit 1453 in Italien) und den Philosophen J. ARGYROPOULOS (1416 ?—1486, 1434/41 und dann seit 1453 in Italien), der 1456/79 in Florenz, dann in Rom vielbesuchte Vorlesungen über ARISTOTELES hält: Zu seinen Schülern zählen A. POLIZIANO (1454—1494) und J. REUCHLIN (1455—1522), der Wortführer der deutschen Humanisten. Großzügig schenkt BESSARION 1468 seine zahlreichen wertvollen Handschriften der Republik Venedig. Dort bilden sie den Grundstock der *Marciana*, die jedoch erst nach Fertigstellung des 1536—1553 von J. SANSOVINO errichteten prunkvollen Bibliotheksgebäudes allgemein benutzt werden kann.

Die sich auch weiterhin innerhalb der Bettelorden vollziehenden Auseinandersetzungen um ARISTOTELES finden ihr Gegenstück in Byzanz, wo die ältere, noch rein ARISTOTELISCH gesinnte Schule mit den neuplatonisch orientierten Anhängern PLETHONS ringt. Die Diskussion wird von den zugewanderten Griechen in gedämpfter Form auf italischem Boden fortgesetzt. Zu den überzeugten ARISTOTELIKERN, denen man wichtige Neuübersetzungen der Originalschriften und der großen griechischen Kommentare und die ersten griechischen Editionen verdankt, zählen L. BRUNI, GEORGIOS von Trapezunt, THEODOR v. Gaza, J. ARGYROPOULOS; die PLATONIKER sammeln sich um M. CHRYSOLORAS, L. VALLA und den nach Ausgleich und Versöhnung strebenden B. BESSARION.

Die unter COSIMO de' Medici und seinem Sohn LORENZO il Magnifico (1448—1492, seit 1469 Gebieter der Republik) stark geförderte PLATONISCHE Akademie (seit 1459), als deren Hauptvertreter M. FICINO (1433—1499), G. PICO DELLA MIRANDOLA (1463 bis 1494) und der für die MEDICEER tätige Handschriftensammler A. J. LASKARIS (1446—1535) anzusehen sind, sorgt für gute Übersetzungen und Ausgaben PLATONISCHER Schriften. Sie wendet sich vor allem gegen die AVERROISTISCH gesinnten ARISTOTELIKER in Padua, denen seit 1472 eine AVERROËS-Ausgabe auf Grund der lateinischen Übersetzungen aus dem Arabischen, seit 1495/97 die verbesserte des vorzüglich unterrichteten A. NIFO (1473—1546) zur Verfügung steht. Etwas später zweigt sich von den AVERROISTEN die stark naturalistisch-nominalistisch eingestellte Schule der ALEXANDRINISTEN ab, die der Auffassung des bedeutenden ARISTOTELES-Kommentators ALEXANDER v. Aphrodisias (um 200 n. Chr.) folgt. Sie stützt sich auf die im 3. Band der ARISTOTELES-Ausgabe von 1495/98 abgedruckten Texte; ihre Hauptvertreter sind P. POMPONAZZI (1462—1524) und der Spanier SEPULVEDA (1500 ?—1572), der die Übersetzung des Kommentars zur ARISTOTELISCHEN *Metaphysik* (1527) besorgt. Die Kraft der PLATONISCHEN Akademie ist mit der Vertreibung der MEDICI durch G. SAVONAROLA (1452 bis 1498, seit 1494 Diktator von Florenz) gebrochen; durch das kirchliche Verbot von 1512 wird auch die oberitalische Schule der AVERROISTEN und ALEXANDRINISTEN zurückgedrängt. Der Kampf der einzelnen scholastischen Schulmeinungen tritt schließlich zurück hinter der neuen naturphilosophischen und naturwissenschaftlichen Richtung, der es um eine möglichst unvoreingenommene und sorgfältige Prüfung der Erscheinungen auf Grund von Beobachtung und Experiment und um die Ermittlung gesetzmäßiger Zusammenhänge in der Natur geht. Innerhalb dieses Auffassungswandels löst sich die Mathematik langsam von der Philosophie los und verbindet sich mit den Naturwissenschaften; von nun an bestimmen mathematisches Denken und mathematische Erkenntnisse die Arbeitsrichtung des Naturforschers.

Dieser Umbildungsprozeß wird wesentlich beschleunigt durch die Erfindung der Buchdruckerkunst. Schon seit 1423 sind Holzdrucke nachweisbar; 13 Jahre später schließt J. GUTENBERG (1400 ?—1468) in Straßburg seinen ersten Vertrag „zur Ausübung einer geheimen Kunst", nämlich des Drucks mit beweglichen Lettern. Seit 1450 druckt sein Geselle J. MENTELIN (1420 ? bis 1478) in Straßburg, 1452/53 kommen die ersten größeren Drucke GUTENBERGS und seines Mitarbeiters

P. SCHÖFFER (1425?—1502/03) in Mainz zustande, um 1456 macht P. CASTALDI in Feltre die ersten Druckversuche, 1462 wird die blühende Offizin SCHÖFFERS bei Einnahme der Stadt durch den Grafen ADOLF v. Nassau zerstört; die große Zahl der Gesellen zerstreut sich in alle Winde und trägt die neue Kunst nach ganz Europa. Die *Bibel* ist das erste große im Druck herausgekommene Werk; alsdann folgen wissenschaftliche Schriften und seit 1474 (aus der Nürnberger Druckerei REGIOMONTANS) eingehende Kalender, astronomische und astrologische Werke, seit 1476 auch griechische Texte. Die ersten Drucker sind hochgebildete Männer, wie etwa ALDUS MANUTIUS (1448—1515, in Venedig seit 1485), die Familie der GIUNTI in Florenz, Venedig und Lyon, J. FROBEN (1460?—1527, in Basel seit 1491), J. BADE (1462—1535, in Paris um 1500) und R. ESTIENNE (1503—1559, in Paris seit 1526).

Schon setzt der Sammeleifer kunstverständiger und wissenschaftsfreundlicher Fürsten ein, auf deren Kosten auch größere öffentliche Bibliotheken entstehen: als erste die *Laurentiana* in Florenz (1444), dann die *Vaticana* in Rom (begründet durch NIKOLAUS V., 1447/55; sehr vermehrt durch SIXTUS IV., 1471/84) und die *Corvina* in Preßburg (1467 durch MATTHIAS CORVINUS v. Ungarn begründet, heute zerstreut). Mit der Verbreitung des Buchdrucks und der Einrichtung allgemein zugänglicher Bibliotheken werden die Arbeitsbedingungen und die Verständigungsmöglichkeiten für die Forscher viel günstiger als früher. Der einzelne vermag sich einen größeren Wirkungskreis zu schaffen; neue Gedanken finden rasch den Weg an die breitere Öffentlichkeit. Diese fördernden Umstände haben am Aufschwung der Mathematik im Zeitalter des Barocks einen wesentlichen Anteil.

Allgemeines

J. **Burckhardt**: *Die Kultur der Renaissance in Italien*, Basel 1860, Leipzig ^{14}1925.

K. **Burdach**: *Vom Mittelalter zur Reformation*, I Halle 1893, II Berlin 1913/34.

E. **Cassirer**: *Geschichte des Erkenntnisproblems in der Philosophie und Wissenschaft der neueren Zeit*, Berlin 1906/07 u. 1920, ^{3}1922.

J. A. **Gobineau**: *La Renaissance*, Paris 1877 und sehr oft.

H. **Heimsoeth**: *Die sechs großen Themen der abendländischen Metaphysik und der Ausgang des Mittelalters*, Berlin 1922.

L. **Thorndike**: *Science and thought in the fifteenth century*, New York 1929.

E. **Wentscher**: *Geschichte des Kausalproblems in der neueren Philosophie*, Leipzig 1921.

G. **Cammelli**: *I dotti bizantini e le origini dell'umanesimo*, Florenz 1941.

C. **Frati**: *Dizionario bio-bibliografico, dei bibliotecari e bibliofili italiani da sec. XIV al XIX*, ed. A. Sorbelli, Florenz 1933.

M. P. **Gilmore**: *The World of Humanism 1453–1517*, New York 1952.

G. **Toffanin**: *Storia dell'umanesimo*, Bologna 1950.

L. **Olschki**: *Bildung u. Wissensch. im Zeitalter d. Renaissance in Italien*, Leipzig 1922.

G. **Voigt**: *D. Wiederbelebung d. klass. Altertums oder d. 1. Jh. d. Humanismus*, Berlin 1859, ^{3}1893.

2. Die Mathematik der Renaissance (etwa 1400—1540)

Auf mathematischem Gebiet äußert sich die Wendung zur Neuzeit vor allem in der starken Berücksichtigung rein praktischer Gesichtspunkte. Das wissenschaftsgeschichtliche Interesse konzentriert sich jetzt nicht mehr auf den gelehrten Mönch oder auf den dozierenden Universitätslehrer, sondern auf den Rechenmeister in einer der vielen oberitalischen, süddeutschen und französischen Handelsstädte, der sich mit seinesgleichen zu einer regelrechten Zunft zusammenschließt. Ihm mangelt die gelehrte Bildung und die Kenntnis des Lateins; in seiner Muttersprache unterrichtet er, in ihr schreibt er seine Anleitungen nieder. Das indisch-arabische Ziffernrechnen wird zuerst von venezianischen und genuesischen Kaufleuten nach Art einer merkantilen Geheimkunst benutzt, die von den darin noch nicht bewanderten städtischen Aufsichtsbeamten zunächst unterdrückt und z. B. in

Venedig bei der offiziellen Rechnungsführung verboten wird (1299). Seit dem 14. Jahrhundert kennen wir praktische Anweisungen zur Erlernung der „italienischen" Buchführung mit Ziffern; die älteste stammt von dem Florentiner P. DAGOMARI (1281 ? bis 1365 oder 1374). Die frühesten gedruckten Darstellungen sind die anonymen *Rechenbücher* von Treviso (1478) und Florenz (1481), als beste zeitgenössische Zusammenfassung gilt das Werk des Venezianers P. BORGHI (1484); der Gegenstand wird auch in L. PACIOLIS *Summa* (1494) und in J. WIDMANNS *Rechenung* (1489) eingehend behandelt. Aus dem 15. Jahrh. stammen Münzen mit Ziffernprägung und Drucke mit Ziffernpaginierung.

Auch in den Klosterschulen wird das praktische Rechnen gelehrt, teils in Latein, teils auch in der Muttersprache. Besonders interessant, jedoch großenteils unausgeschöpft sind die noch heute in unedierten Handschriften enthaltenen *Aufgabensammlungen*, in denen sich neben selbstverständlichen Fragestellungen, wie sie überall aus den Erfordernissen des täglichen Lebens erwachsen, auch Typisches aus griechischem und muslimischem Lehrgut vorfindet, so insbesondere kennzeichnende Scherzaufgaben, Rätsel und anderes aus der Unterhaltungsmathematik. Gegenstände dieser Art sind dem Abendland teils durch die Wirksamkeit der Übersetzerschulen und der jüdischen Vermittler, wie JOHANNES von Sevilla († 1153) und ABRAHAM ibn Ezra († 1167) über Spanien und Südfrankreich zugeflossen, teils über Italien, so vor allem durch LEONARDO v. Pisa, der aus arabischen und byzantinischen Schriften schöpft und viel Eigenständiges und Eigenartiges hinzufügt.

So erweist sich etwa das Benediktinerkloster St. Emmeram in Regensburg um die Mitte des 15. Jahrh. als eine Stätte, an der die mathematischen Wissenschaften besonders eifrig gepflegt werden. Hier wirkt der unermüdliche Frater FRIDERICUS GERHART (†1464 oder 1465). Er schreibt neben theologischen, geographischen und astronomischen Schriften alles ihm Zugängliche aus der mathematischen Literatur der Spätscholastik und der beginnenden Renaissance aus, so etwa 1449/50 eine bisher früher noch nicht nachgewiesene *arithmetische Aufgabensammlung*, 1455/57 geometrische und perspektivische Traktate, 1456 NIKOLAUS Oresmes Arbeiten, dann die *Geometrieen* von GERBERT, THOMAS Bradwardine und DOMENICO de Clavasio (um 1350), 1457/58 die Darstellungen des JOHANNES v. Sacrobosco und des JOHANNES de Lineriis über das Rechnen auf den Linien, das sich langsam gegenüber dem umständlicheren Verfahren GERBERTS mit den bezifferten Rechensteinen durchsetzt. Um diese Zeit erweitert er die *arithmetische Aufgabensammlung* durch Hinzufügen zahlreicher wohldurchdachter neuer Beispiele. Anschließend geht er zum Studium der Schriften des NIKOLAUS v. Cues über (seit 1459), dann zu dem einiger algebraischer Traktate (1461), schließlich zu zahlentheoretischen Problemen (1464). Seine *Aufgabensammlung* wird von den Verfassern der ersten gedruckten deutschen Rechenbücher stark benutzt, so von dem unbekannten Schreiber eines zwischen 1470/80 herausgekommenen *Bamberger Blockdruckes*, vom Verfasser des *Bamberger Rechenbuchs* (1482), von U. WAGNER (1483) und von J. WIDMANN (1489).

Im einfachen Volk, das weder lesen noch schreiben kann und auch die Ziffern nicht kennt, hält sich das Rechnen auf dem Rechenbrett bis tief in das

17. Jahrh. hinein. Es wird von den sog. ABACISTEN, den Anhängern der älteren Rechenmethode, unter dem Titel „Rechnen auf den Linien" (*Algorithmus linealis*) in sehr geschickter Form gelehrt und in zahlreichen gedruckten Darstellungen des 15. und 16. Jahrh. dargeboten. Die ALGORITHMIKER vertreten demgegenüber das Ziffernrechnen, das sie im wesentlichen aus den *Algorismus*-Schriften der Scholastiker (Übersetzungen und Bearbeitungen aus dem Arabischen) entnehmen. Ihre schriftlichen Methoden sind zum Teil noch ungelenk, so z. B. das langwierige und unübersichtliche Überwärts-Dividieren von links nach rechts, das aus dem Brettrechnen mit leicht veränderbaren Ziffern entstanden ist und gegenüber der Rechenweise der Abacisten keinen Vorteil bietet. Zweckmäßigere Methoden, wie etwa das moderne Unterwärts-Dividieren von links nach rechts (anfangs unter Ausschreiben aller Subtrahenden, wie bei F. CALANDRI, 1491), setzen sich nur ganz langsam durch.

Den praktischen Bedürfnissen dienen auch die einfachen *Kalender* J. GUTENBERGS (seit 1448) und die verbesserten J. REGIOMONTANS (seit 1474) mit Voraussagen über Planetenkonstellationen, Finsternisse, astrologisch wichtige Daten und Anweisungen zur Berechnung der christlichen Feiertage. Dazu treten die Visierbücher mit Anleitungen für die Küfer zum Eichen von Fässern (so in GR. REISCHS *Margarita philosophica* von 1503, selbständig bei H. BRIEFMALER, 1487, J. KÖBEL, 1515 und H. SCHREYBER, 1518 und 1523). Die praktischen Geometrieen geben den Inhalt der römischen Feldmesserschriften wieder. Handschriftliche Zusammenstellungen dieser Art unter Weiterführung der von GERBERT übernommenen Tradition sind uns bis ins 15. Jahrh. hinein bekannt; die erste gedruckte Darstellung ist eine anonyme *Geometria deutsch* (1484 ?).

Ein charakteristisches Merkmal des ausgehenden Mittelalters, der Renaissance und des beginnenden Barocks ist der unerschütterliche Glaube an die Astrologie. Die ältere, in erster Linie auf allegorische Vergleiche gestützte Auffassung wird immer stärker verdrängt. Jetzt sieht man in den zur Sterndeutung herangezogenen Himmelserscheinungen (Finsternisse, Planetenkonstellationen) periodisch wiederkehrende Vorgänge, die auf Grund astronomischer Beobachtungen und trigonometrischer Berechnungen vorausgesagt werden können. Die seit dem 13. Jahrh. üblichen westarabisch-spanischen Planetentafeln, wie die *Toledanischen* (um 1029/40, gute Erklärung von AL-ZARQÂLÎ) und die *Alfonsinischen* (auf Befehl ALFONS X. von Kastilien um 1260/66 berechnet, nur in Überarbeitung des JOHANNES de Lineriis und anderer um 1300/22 erhalten), erweisen sich als unzureichend. Man benötigt genaue trigonometrische Hilfstafeln, die weiter gehen als die dem Abendland allein bekanntgewordenen westarabischen Vorlagen. Schon der Wiener Magister JOHANNES VON GMUNDEN (1380 ?—1442) plant eine Neuberechnung; durchgeführt wird sie von einem seiner Nachfolger, dem außerordentlich tätigen GEORG VON PEURBACH (1423—1461), der in seinem genialen Schüler J. REGIOMONTAN (1436—1476) einen unermüdlichen und zuverlässigen Mitarbeiter findet. PEURBACH hält seit 1453/54 vielbeachtete Vorlesungen über seine Planetentheorie und wird 1460 von B. BESSARION zur Abfassung einer Erläuterung des PTOLEMAEISCHEN *Almagest* veranlaßt; die unvollendete Arbeit wird (1462) von REGIOMONTAN abgeschlossen. Dieser unternimmt gemäß den Anregungen PEURBACHS eine selbständige Darstellung der ebenen und sphärischen Trigonometrie, die bis dahin nur aus lose zusammengestellten Regeln, Sätzen und Hilfstafeln für astronomische Zwecke bestanden hatte. Die (um 1462/63 niedergeschriebenen) ersten vier Bücher seiner Schrift *De triangulis omnimodis* enthalten eine Sinus-Trigonometrie mit vielen selbständigen Zutaten und wichtigen methodischen Verbesserungen im Vergleich zu den aus westarabischen und jüdischen Vorgängern (vor allem AL-FARĠÂNÎ, JÂBIR IBN AFLÂH und LEVI ben Gerson) entnommenen Sätzen, die REGIOMONTAN aus den Übersetzungen des PLATO von Tivoli und des GERHARD von Cremona kennt. In dem nachträglich (um 1464) angefügten und über eine Stoffsammlung noch nicht hinausgediehenen V. Buch wird (im Anschluß an AL-BATTÂNÎ) auch die Tangensfunktion benutzt; die *Tabulae directionum* (1464/67) enthalten eine nach Graden voranschreitende fünfstellige Tangententafel mit dezimaler Unterteilung — damals etwas ganz Ungewöhnliches. Erst um 1505 erhält der Nürnberger Kleriker J. WERNER (1468—1528), ein guter Kenner des ganzen damals handschriftlich und gedruckt zugänglichen Materials, Einblick in das nachgelassene Werk REGIOMONTANS. Er gibt eine systematisch wesentlich verbesserte und sehr selbständig aufgebaute *sphärische Trigonometrie* (Erstfassung 1514, nur in späterer Redaktion nach 1522 erhalten) und verwendet seit 1514 die sog. prosthaphairetische Formel

$$\sin a \cdot \sin b = \frac{1}{2}\left\{\sin(90^\circ - a + b) - \sin(90^\circ - a - b)\right\},$$

vermittels deren er das Multiplizieren auf das Subtrahieren zurückführen kann.

Die moderne Trigonometrie entsteht unter den Händen der Gelehrten; im Gegensatz hierzu ist die Ausbildung der Perspektive das Verdienst der Handwerker und Künstler. Was zu diesem Gegenstand in den optischen Schriften von EUKLID, PTOLEMAIOS und ALHAZEN und in den sog. perspektivischen Traktaten von ALBERTUS MAGNUS, ROGER Bacon, JOHANNES Peckham und WITELO gesagt wird, bleibt in den Anfängen stecken. Konvergente Bilder von schrägen Parallelen nach zwei symmetrisch gelegenen Punkten hin traten schon auf antiken Wandgemälden (Pompeji) auf, jedoch ist von einer mathematischen Gesetzmäßigkeit noch keine Rede. Konvergente Tiefenlinien in einer Ebene (Fußboden, Decke) finden sich u. a. bei GIOTTO (1266—1337) und bei JAN VAN EYCK (1381 ?—1441), im Raum bei F. BRUNELLESCHI (1377 bis 1446). Dieser scheint um 1420 als erster eine perspektivische Konstruktion angegeben zu haben. L. B. ALBERTI (1404—1472) verwendet in seiner *Pictura* (1435, Erstdruck 1511) ein Quadratnetz in der Grundebene, dessen eine Seite parallel zur Kante ist. Er legt den Augpunkt in die zur Kante senkrechte Mittellotebene des Quadrats und konstruiert durch Umlegen der in dieser Ebene entstehenden Figur. PIERO DE' FRANCESCHI (1410 ?—1492) gibt in seiner *Prospectiva* (1482/87) eine genauere Darlegung des neuen Verfahrens. Er verwendet als erster die Distanzpunkte. Seine Studie über *regelmäßige Körper* (1487), deren stereometrische Gewölbeberechnungen eine verschollene Tradition aus der ARCHIMEDISCHEN *Methodenlehre* wiederzugeben scheinen, kommt als Anhang zu L. PACIOLIS *Proportio divina* (1497, Druck 1509) an die Öffentlichkeit. Die vollendet ausgeführten Abbildungen zu diesem Werk stammen von LEONARDO

DA VINCI (1452—1519), der selbst eine (heute verschollene) *Perspektive* verfaßt hat. A. DÜRER (1471 bis 1528) wird 1506 mit der Theorie der italienischen Perspektive bekannt; er gibt das Gelernte in einem eigenen Kapitel seiner für Künstler geschriebenen *Underweysung* (1525) wieder. Das Distanzpunktverfahren erscheint erstmals im Druck in der *Margarita philosophica* (1508) des GR. REISCH (1475?—1523) und in der *Perspectiva artificialis* (1505) des J. PÉLERIN (1445?—1524).

Wichtiger als diese interessanten, aber im ganzen doch nur bescheidenen Anfänge selbständigen mathematischen Denkens ist der Zustrom an neuem Wissen, der sich durch die nähere Berührung mit der Antike ergibt. Es ist von weittragender Bedeutung, daß die von Papst NIKOLAUS V. (1447/55) so großzügig unterstützte Übersetzertätigkeit der Humanisten nunmehr auch die exakten Wissenschaften erfaßt. Gewiß, die von dem unzureichend vorgebildeten prahlerischen Kreter GEORGIOS von Trapezunt (1396—1486) stammende Übersetzung des PTOLEMAEISCHEN *Almagest* (um 1450) ist mißlungen und wird mit Recht von B. BESSARION zurückgewiesen. Auch die Übersetzung einer Sammlung ARCHIMEDISCHER Schriften, die 1450 durch den Kleriker JAKOB von Cremona († um 1452) besorgt wird, hat ihre Schwächen, aber die Mängel müssen bei der Neuheit des Gegenstandes weitgehend entschuldigt werden. 1462 fertigt REGIOMONTAN eine Abschrift des lateinischen Textes, vergleicht ihn mit dem griechischen Original und bringt wichtige Verbesserungen an; er will die Übersetzung in seiner Nürnberger Druckerei herausbringen, stirbt aber vor Ausführung dieser Absicht. Auf die Existenz der griechischen Vorlage und der Übersetzung JAKOBS wird die Öffentlichkeit durch die *Complementa mathematica* (1454) des NIKOLAUS von Cues hingewiesen, die seit 1488 im Druck zugänglich sind. Die Übersetzungsprobe aus ARCHIMEDES in einem Sammelwerk (1501) des venetianischen Arztes G. VALLA (1430—1499) ist unbefriedigend; die ARCHIMEDISCHEN Gedanken vermögen erst seit Erscheinen der von TH. GECHAUFF besorgten Originalausgabe (1544) zu wirken, der die von REGIOMONTAN verbesserte lateinische Übersetzung beigegeben ist.

REGIOMONTAN ist der einzige Kenner der griechischen Sprache, der das nötige Fachwissen zur Herausgabe mathematischer Texte antiker Schriftsteller besitzt. Er will alles ihm Zugängliche zum Druck befördern, den EUKLID, den (1463 entdeckten) DIOPHANT, den APOLLONIOS, den PTOLEMAIOS und einige kleinere Autoren. Sein früher Tod im fernen Rom macht alle diese Pläne zunichte. Der erste klassische mathematische Text, der den Weg an die Öffentlichkeit findet, sind die *Elemente* EUKLIDS. Es handelt sich um eine fast unveränderte Wiedergabe der CAMPANISCHEN Redaktion, die 1482 in der venetianischen Filiale des Augsburger Druckers E. RATDOLT (1447—1528 ?) erscheint. Alsbald setzt die Kritik der Humanisten ein, die sich gegen das mittelalterliche Latein des CAMPANUS und vor allem gegen die Unterschiede zwischen dem griechischen Original und der Übersetzung richtet. B. ZAMBERTI (* um 1473) läßt 1505 eine direkt aus dem Griechischen besorgte Übersetzung erscheinen, die RATDOLT zur Wiederholung seiner Ausgabe auf Grund eines überarbeiteten Textes veranlaßt (1509). Verfasser ist der durch seine *Summa* in Fachkreisen rühmlichst eingeführte L. PACIOLI (1445—1514). Die verschiedenartigen Textformulierungen führen zu einer vollständigen Verwirrung, der J. LEFÈBRE D'ÉTAPLES (1455 ?—1536) durch eine Gegenüberstellung des CAMPANISCHEN und des ZAMBERTISCHEN Textes zu steuern sucht (1516). Die CAMPANISCHE Redaktion wird endgültig erst durch die von S. GRYNAEUS (1493—1541) besorgte griechische Ausgabe (1533) verdrängt. Dieser ist der wichtige PROKLOS-Kommentar zu Buch I der *Elemente* beigegeben, der durch die lateinische Übersetzung (1560) von FR. BAROZZI (1538 ?—1590 ?) in weiteren Kreisen bekannt wird. Diese ersten EUKLID-Ausgaben können jedoch nur zum Teil befriedigen. Noch immer sehen wir uns sachlichen Unrichtigkeiten und der im Mittelalter allgemein verbreiteten Auffassung gegenüber, Urheber des Satzgebäudes sei der *megarische* Philosoph EUKLID (um 400 v. Chr.); die Beweise seien Eigentum des CAMPANUS bzw. des THEON von Alexandria.

Bis gegen 1540 sind außerdem von PTOLEMAIOS die *Tetrabiblos* und der *Almagest*, von APOLLONIOS die *Conica*, von PAPPOS einige Textproben bekannt; von DIOPHANT weiß man vorerst kaum etwas. Vom mathematischen Standpunkt aus bedeutsam sind ferner die Ausgaben von PLATON, ARISTOTELES und ihren Kommentatoren, dazu die lateinischen Ausgaben der mittelalterlichen Gelehrten, unter denen wir BOËTIUS, AVERROËS und AVICENNA besonders hervorheben. Wir sehen die ausgehende Renaissance auf mathematischem Gebiet im Besitz der wichtigsten Ergebnisse der Antike; die zur Verfügung stehenden literarischen Unterlagen sind noch nicht ganz einwandfrei, aber sie vermitteln doch einen gewaltigen und neuartigen Wissensschatz und laden zu eingehender Beschäftigung mit dem Gegenstand ein.

Das 15. Jahrh. hat dem Abendland überdies zwei Persönlichkeiten von stärkster mathematischer Begabung geschenkt, nämlich NIKOLAUS von Cues und REGIOMONTAN. Der CUSANER (1401—1464) ist nicht etwa Fachmann, sondern Kirchenpolitiker und Philosoph, der die scholastische Auffassung mit der neuplatonischen Richtung der Kirchenväter zu vereinen trachtet. Er beginnt mit der symbolhaften Ausdeutung mathematischer Zusammenhänge, wie sie uns in der *Docta ignorantia* (1440) so oft begegnet, und er endet im Ringen mit mathematischen Gegenständen als echter Naturforscher, der in der sachlichen Begründung nur Tatsachen und auf Tatsachen gestützte logische Schlüsse zulassen will. Der begeisterte Humanist, dem eine sinnvolle Umgestaltung der unhaltbar gewordenen Lebensformen des ausgehenden Mittelalters im Rahmen der kirchlich bestimmten Auffassung auf Grund echter Verinnerlichung vorschwebt, geht aus von der umgreifenden Kraft einer die Gegensätze vereinigenden *coincidentia oppositorum*, die in den verschiedenen wohlbegründeten Auffassungen von der nämlichen Sache die verschiedenen Seiten einer und der nämlichen Wahrheit sieht. Er vergleicht die uns allein gradweise zugängliche Erkenntnis und die uns verschlossene reine Wahrheit mit den Beziehungen zwischen den einbeschriebenen regelmäßigen Vielecken und dem Kreis. So wird der CUSANER auf das mathematische Hauptproblem geführt, dem alle seine wissenschaftlichen Versuche gelten, nämlich zur Quadratur des Kreises. Mit ARISTOTELES und AVERROËS ist er von der Unmöglichkeit überzeugt, das Problem exakt zu lösen, will jedoch wenigstens zu einer möglichst guten Näherungslösung vordringen. In Weiterführung dessen, was THOMAS Bradwardine über die *Isoperimeter-Abhandlung* des

ZENODOROS gebracht hatte, sucht der CUSANER die Quadratur des Kreises $f = r^2\pi$ durch näherungsweises Ausrunden der umfangsgleichen regelmäßigen Vielecke f_n zu gewinnen. Er glaubt zunächst, man dürfe $f - f_n$ proportional zur Halbmesserdifferenz $r_n - \varrho_n$ der zu f_n gehörenden umbeschriebenen und einbeschriebenen Kreise setzen, muß aber die Einwände der fachmännischen Kritik, vor allem die von seiten P. DAL POZZO TOSCANELLIS (1397—1482), anerkennen und wendet sich nunmehr zu heuristischen Ausgleichsmethoden, die ihn schließlich zur Näherung $r \approx \frac{1}{3}(2r_n + \varrho_n)$ führen.

Der CUSANER kennt bereits die ARCHIMEDISCHE Kreisquadratur; die ARCHIMEDES-Übersetzung des JAKOB von Cremona hat er 1450 gesehen. Die indirekte ARCHIMEDISCHE Methode hält er für das mathematische Analogon zu seiner eigenen *coincidentia oppositorum.* Seine Lehre von der *explicatio* und *complicatio* enthält die Erzeugung einer Linie durch das ,,Fließen" eines Punktes usw. Vielleicht gibt er hier Gedanken aus SEXTOS EMPIRIKOS (*Adversus mathematicos*) wieder, dessen Schriften damals in Byzanz mit Interesse studiert und zur Stützung der christlichen Lehren herangezogen wurden (so auch bei G. PICO DELLA MIRANDOLA). Der CUSANER bedient sich bei seiner Flächen- und Körperberechnung infinitesimaler Schlüsse, die jetzt zum erstenmal seit den Zeiten der Atomistiker von einem ernsthaften Forscher wieder aufgenommen werden. Seine Beweiskunst ist noch gering; was er gibt, beruht zumeist auf naiven Zwischenwertbetrachtungen unter Heranziehung der direkten Proportionalität. Seine Schriften enthalten eine Fülle von unbewiesenen Behauptungen, die den Fachleuten zu wichtigen Problemen werden. Den tiefsten Einfluß übt er auf jene Kleriker der nachfolgenden Zeit, die der starren klassifizierenden Logik der Spätscholastik abhold sind und sich den Bestrebungen der Humanisten anschließen, ohne die Verbindlichkeit der kirchlichen Auffassung preiszugeben.

Regiomontan (eigentlich Joh. Müller aus Unfinden bei Königsberg in Franken, 1436—1476) ist im Gegensatz zum Cusaner reiner Fachmann ohne philosophische Interessen, ein guter Kenner des Griechischen, aber den schöngeistigen Bestrebungen der Humanisten nicht gewogen. Der 11jährige bezieht die Universität Leipzig, der 12jährige berechnet bereits selbständig die Planetenbewegung für 1448, der 14jährige wechselt an die Universität Wien über und wird zu Peurbachs Meisterschüler; 1461/67 finden wir ihn in Diensten Bessarions in Italien, wo er unter anderem mit dem Astronomen G. Bianchini († 1466) und mit dem auf allen naturwissenschaftlichen Gebieten vorzüglich bewanderten Toscanelli, dem Jugendfreund des Cusaners, bekannt wird. In diese Zeit fallen die trigonometrischen Studien, die Entdeckung des Diophant und des Apollonios und der Briefwechsel mit Bianchini über schwierigere zahlentheoretische Probleme und über Extremwertaufgaben, die rein geometrisch angefaßt werden (1463/64). Beides geht weit über die Fähigkeiten des Adressaten hinaus, der keine Antwort zu geben weiß. 1464 prüft Regiomontan die Cusanischen Kreisnäherungen nach und stellt nach langer, ihn verdrießender Rechnung ihre Unzulänglichkeit fest; er dringt jedoch nicht bis zu den nur funktional zu verstehenden Kerngedanken des Cusaners vor und wird daher mit seiner bitteren Kritik dem Gegenstand nicht ganz gerecht. 1467/71 wirkt Regio-

MONTAN bei MATTHIAS CORVINUS in Ungarn als Hofastronom und geht alsdann nach Nürnberg, um dort auf Grund neu anzustellender Himmelsbeobachtungen die bisherigen, von ihm als unzureichend erkannten Planetentafeln zu verbessern. Er gründet eine eigene Druckerei, aus der PEURBACHS *Planetentheorie* (1472) und der *lateinische* und der *deutsche Kalender* (1474) hervorgehen, und faßt den Plan, alle ihm bekanntgewordenen griechischen Klassiker der Mathematik in lateinischen Übersetzungen herauszubringen. Die Vorarbeiten werden durch die Reise nach Rom (1475) unterbrochen, wo sich REGIOMONTAN als Sachverständiger zur Vorbereitung der geplanten Kalenderreform äußern soll, aber als 40jähriger auf der Höhe seines Schaffens stirbt. Nur Teile des wissenschaftlich und historisch bedeutsamen Nachlasses sind erhalten, das Wenigste davon herausgegeben. Aus dem bisher Zugänglichen steht fest, daß REGIOMONTAN als der höchstbegabte Mathematiker des Jahrhunderts anzusehen ist, der seine griechischen Vorlagen sprachlich vollauf versteht und das fachliche Rüstzeug besitzt, das ihn zur Verarbeitung und Weiterbildung des empfangenen Wissensgutes befähigt. Es ist daher tief bedauerlich, daß REGIOMONTANS wissenschaftlicher Nachlaß durch das Unverständnis seines Gönners, des Nürnberger Patriziers B. WALTHER (1430—1504), zurückgehalten und hernach zum Teil verschleudert wurde, so daß das Lebenswerk des bedeutendsten Renaissancemathematikers auch später nur bruchstückweise zugänglich sein wird.

3. Übergang zum Barock (1450—1580)

Die ausklingende Renaissance steht der antiken Überlieferung noch mit Bewunderung, jedoch bereits mit kritischer Zurückhaltung gegenüber. Jetzt geht es einerseits um das tiefere Verständnis des Sachverhaltes, andererseits um die sinnvolle und selbständige Weiterbildung der wiedergewonnenen Erkenntnisse. Diese Entwicklung vollzieht sich in einer Epoche, in der die sich widerstreitenden Weltanschauungen und Lebensauffassungen zum Teil in schroffster Form aufeinanderprallen (Reformation, soziale Unruhen, Gegenreformation). Durch das allgemeine Bekanntwerden großartiger Erfindungen und Entdeckungen wird das Blickfeld in ungeahnter Weise erweitert; andererseits löst sich die wohlgefügte Bindung innerhalb der bis dahin streng geordneten sozialen Struktur immer mehr. Die Buchdruckerkunst ermöglicht es, die neuen Ideen rasch in breite Bevölkerungsschichten zu tragen, und wird so zu einem wirksamen Instrument in den Händen der Männer, von denen die umgestaltenden Bewegungen des Jahrhunderts ausgehen. Das intensive geistige Leben der Zeit tritt uns in reicher und vielgestaltiger Form entgegen.

Das praktische Rechnen ist zum größten Teil Sache des Unterrichts bei den Rechenmeistern an den Bürgerschulen; natürlich wird es auch in den Lateinschulen eingehend behandelt. Der Lehrbetrieb ist in erster Linie auf die mündliche Unterweisung, auf Auswendiglernen und mechanischen Drill eingestellt. Die gedruckten Rechenbücher sind vor allem Regel-, Beispiel- und Aufgabensammlungen. Neben sehr zahlreichen deutschen Drucken haben wir auch auf niederländische, französische, italienische und englische Darstellungen hinzuweisen; die scholastische Tradition erhält sich am längsten in Spanien. Die lateinisch geschriebenen Einführungen sind zum Teil noch scholastisch gefärbt; die besten von ihnen vereinigen in kluger Form das ältere Lehrgut mit den technischen Fortschritten der neuzeitlich gesinnten Rechenmeister.

Diese Fortschritte beziehen sich zunächst auf die Behandlung der einfachen Gleichungslehre. Man fängt an, die Unbekannte (lateinisch *res*, italienisch *cosa*, deutsch *Coß*) und ihre ersten Potenzen und Wurzeln mit eigenen Individualzeichen zu schreiben; langsam dringen auch Abbreviaturen für die Operationsbezeichnungen durch, wie etwa $\tilde{p}$ für *plus*, $\tilde{m}$ für *minus* schließlich richtige algebraische Zeichen, wie + und —, die als weitergebildete Wortabkürzungen anzusehen sein dürften. Der Anstoß für diese Entwicklung geht von Oberitalien aus, wo man sich schon um 1450 eifrig mit den einschlägigen Schriften der Muslime beschäftigt; italienische, deutsche und französische Algebraiker bringen das neue Verfahren in feste, wenn auch noch weitschweifige Regeln, die dann mehr und mehr verkürzt werden. Besonders hervorzuheben ist die *Coß* (1525) von Chr. Rudolff und die von M. Stifel besorgte Neubearbeitung (1553/54), ferner die *Practica arithmetica* (1539) von G. Cardano.

Das beste einschlägige Fachwerk ist die *Arithmetica integra* (1544) des algebraisch hochbegabten, jedoch nebenher zu seltsamem Zahlenaberglauben neigenden M. Stifel (1487 ?—1567). Hier wird z. B. ausdrücklich gesagt, daß die negativen Zahlen kleiner als Null sind. Stifel erfaßt das Wesen der negativen Zahlen vollständig. Indem er auch negative Gleichungskoeffizienten zuläßt, vermag er die bis dahin verwendeten 8 Hauptformeln der quadratischen Gleichung mit ihren 24 besonderen Auflösungsregeln auf eine einzige zurückzuführen. Trotzdem scheut er noch vor der Anerkennung negativer Gleichungswurzeln zurück. Mit Unterstützung sprachkundiger Freunde, die ihm bei der Durcharbeit des griechischen Originaltextes behilflich sind, eignet er sich die Irrationalitätentheorie in Buch X der EUKLIDISCHEN *Elemente* ($\sqrt{a+\sqrt{b}}$) vollständig an und erweitert sie durch Aufsteigen zu Ausdrücken der Form $\sqrt[m]{a+\sqrt[n]{b}}$. Er behandelt das numerische Radizieren bis zur 7. Wurzel und das Radizieren algebraischer Ausdrücke an aufgehenden Beispielen. Das arithmetische Dreieck ist ihm aus dem Titelblatt des *Rechenbuchs* (1527) von P. APIAN (1495—1552) bekannt. Er gibt den Binomialkoeffizienten ihren Namen und kennt das additive Bildungsgesetz. Mit den Gliedern a^k einer geometrischen Reihe multipliziert und dividiert er durch Übergang zu den Hochzahlen, dehnt die Reihe auf negative Hochzahlen aus und gibt Entsprechungen wie die untenstehende zwischen den Hochzahlen und Potenzen

$$\begin{matrix} -3 & -2 & -1 & 0 & 1 & 2 & 3\ldots \\ \frac{1}{8} & \frac{1}{4} & \frac{1}{2} & 1 & 2 & 4 & 8\ldots. \end{matrix}$$

Dies führt ihn zum Potenzieren und Radizieren innerhalb der geometrischen Reihe durch Multiplizieren und Dividieren innerhalb der Hochzahlen und zur Behandlung von Exponentialgleichungen. Spätere, wie R. RECORDE (1510 ?—1558) im *Whetstone of Witte* (1557) und S. JACOB (1510 ?—1565) im *Rechenbuch* (1565), sind stark von STIFEL beeinflußt; die beste zusammenfassende Darstellung der *Coß* ist in der *Algebra* (1608) von CHR. CLAVIUS (1537—1612) enthalten.

Inzwischen hatte der bologneser Magister SC. DEL FERRO (1465 ?—1526) um 1500 die algorithmische Auflösung der Gleichung 3. Grades gefunden — vermutlich durch Probieren mit kubischen Irrationalitäten —, jedoch nicht veröffentlicht, sondern nur unter dem Siegel der Verschwiegenheit an einige Freunde und Schüler weitergegeben, darunter an den Rechenmeister A. M. Fior (um 1510) und an seinen Schwiegersohn und Amtsnachfolger Ann. della Nave (1500 ? bis 1558). Fior gerät (1535) mit dem tüchtigen Rechenmeister N. Tartaglia (1500 ?—1557) in einen öffentlichen Wettstreit, in dessen Verlauf er dem Gegner 30 kubische Gleichungen zur Auflösung vorlegt. Tartaglia kommt unmittelbar vor Ablauf des Termins zum Erfolg und gibt seine Methode in Form dunkler Verse an G. Cardano weiter, der immer dringlicher geworden war und die Wahrung des Geheimnisses eidlich zugesichert hatte (1539). 1542 stellt Cardano zusammen mit seinem Schüler L. Ferrari (1522—1565) gelegentlich eines Besuches bei Nave fest, daß Tartaglias Lösung mit jener Ferros übereinstimmt. Er nimmt an, Tartaglia sei auf unredlichem Wege in den Besitz dieser Methode gekommen und hält sich daher für berechtigt, sein eigenes (nur wenig von dem Ferros abweichendes) Verfahren in der (auch sonst bedeutenden) *Ars magna* (1545) zum Druck zu bringen. Dieses Werk, dessen Druckbogen Stifel noch vor Herausgabe seiner *Arithmetica integra* (1544) benutzen konnte, enthält unter anderem auch Ferraris arithmetische Behandlung der Gleichung 4. Grades

$$x^4 + px^2 + qx + r = 0:$$

Man muß eine Hilfsgröße t so bestimmen, daß

$$(2t - p)x^2 - qx + (t^2 - r) \equiv (x^2 + t)^2$$

zu einem vollen Quadrat wird. Dies ergibt eine kubische Gleichung für t. Der Ansatz Ferraris hängt zusammen mit Gedankengängen, wie sie uns aus Dio-

PHANT wohlvertraut sind. Wir sehen Derartiges erstmals (nach REGIOMONTAN) sinnvoll wieder aufgenommen und selbständig weitergeführt.

TARTAGLIA erhebt sofort heftigen Einspruch gegen den begangenen Vertrauensbruch und gegen CARDANOS Unterstellungen und legt in den *Quesiti* (1546), einer sorgfältig gearbeiteten Arithmetik, seinen Standpunkt eingehend dar, geht jedoch weder hier noch im *General trattato* (1556/60), der das ganze Durchschnittswissen der Zeit auf arithmetischem und geometrischem Gebiet in geschickter Form darbietet, näher auf die kubische Gleichung ein. Die Auseinandersetzung um die Erstauflösung der kubischen Gleichung führt zu einem öffentlichen Streit mit FERRARI, der in wüstes Gezänk ausartet. Unter den bei dieser Gelegenheit gestellten und gelösten Aufgaben sind nur einige hübsche Konstruktionen mit fester Zirkelöffnung bemerkenswert. Übrigens wird im *General trattato* ganz vereinzelt auch eine Extremwertaufgabe gelöst: hier wird das Maximum von $x(a^2 - x^2)$ rezeptartig bestimmt.

CARDANO, der sich persönlich an der Auseinandersetzung nicht beteiligt, hat auf dem Gebiet der Gleichungslehre Beachtliches geleistet. Schon in der *Arithmetica practica* (1539) behandelt er das Rationalmachen von Nennern mit kubischen Irrationalitäten; in der *Ars magna* (1545) werden kubische Gleichungen auf die Normalform gebracht und die Realitätsverhältnisse bei Gleichungen 3. und 4. Grades untersucht. CARDANO weiß, wie die Summe der Gleichungslösungen mit den Koeffizienten der kubischen Gleichung zusammenhängt und kommt in diesem Falle nahe an die DESCARTESSCHE Zeichenregel heran. Im nachgelassenen *Sermo de plus et minus* (Druck 1663) handelt er vom Auftreten des Imaginären bei der kubischen Gleichung.

Diese Untersuchung steht in Zusammenhang mit den Arbeiten des bologneser Ingenieurs R. BOMBELLI, dessen *Algebra* (1572) vor allem den komplexen Ausdrücken von der Form $\sqrt[3]{a + \sqrt{-b}}$ gewidmet ist. Hier finden wir die Multiplikationsregeln für imaginäre Größen, algebraische Umformungen im irreduzibeln Fall und vor allem die Einsicht, daß sich die imaginären Bestandteile bei Anwendung der „CARDANISCHEN Formel" im Falle ausziehbarer Kubikwurzeln wegheben müssen.

Ausgangspunkt für FERRO scheint die Frage gewesen zu sein, wann sich $\sqrt[3]{a + \sqrt{b}}$ als $u + \sqrt{v}$ schreiben läßt. Ein Hinweis auf dieses Problem steht am Ende der RUDOLFFSCHEN *Coß* (1525). STIFEL untersucht die Angelegenheit in seinen *Erläuterungen zur Coß* (1553/54) genauer, und Ähnliches findet sich (jedoch wohl in Unkenntnis des Vorgängers) in BOMBELLIS *Algebra* (1572). Die durch spezielle Kunstgriffe lösbaren kubischen Gleichungen, die P. NUÑEZ (1502—1578) in der *Algebra* (1567) und N. PIETERSZOON in der *Arithmetica* (1567) bringen, sind noch unabhängig von der allgemeinen Theorie der Oberitaliener. Diese wird erst von S. STEVIN (1548—1620) in der *Arithmétique* (1585) und von FR. VIÈTE (1540—1603) in der *Aequationum recognitio et emendatio* (1591) und im *Supplementum geometriae* (1593) aufgenommen. Beide geben wichtige formale Verbesserungen. VIÈTE meistert unter anderm den irreduzibeln Fall unter Vermeidung des Imaginären auf trigonometrischem Wege. Diese Methode wird in der von A. ANDERSON (1582—1620 ?) besorgten Ausgabe der *Recognitio et emendatio* (1615), von A. GIRARD (1595 bis 1632) in der *Invention nouvelle* (1629) und von FR.

van Schooten (1615—1660) im Anhang zur *Organica descriptio* (1646) in interessanter Weise variiert. Als Anwendungsbeispiel erscheint hier die später von I. Newton eingehend in der *Arithmetica universalis* (Vorlesung des WS 1675/76, Erstdruck 1707) behandelte Aufgabe, drei gegebene Sehnen zusammen mit einer unbekannten Strecke zu einem (konvexen oder überschlagenen) Sehnenviereck zusammenzuschließen, dessen Umkreis die unbekannte Strecke zum Durchmesser hat. Der *Lustgarten* (1604) J. Faulhabers (1580—1635) enthält zahlreiche kubische Aufgaben unter Beigabe der Lösungen, jedoch ohne die Herleitungen. Diese werden von P. Rothe († 1617) in der *Arithmetica* (1608) unter eingehender Darstellung der Cardanischen Lehren nachgetragen.

Was die Praktiker und Rechenmeister auf geometrischem Gebiet zu sagen haben, ist noch immer unbedeutend. Die *Introductio* des Ch. Bouvelles (1470 ?—1553) ist stark von Thomas Bradwardine (Drucke seit 1495) und Nikolaus von Cues (Drucke seit 1488) beeinflußt, die *Praktische Geometrie* (1511) von L. Paciolis *Summa* (1495). Fr. dal Sole (geb. um 1490) macht in seinem *Rechenbuch* (1526) einen beachtlichen Versuch, die Arithmetik und die Geometrie zu vereinigen. Einen starken Anreiz zur Beschäftigung mit Problemen der praktischen Geometrie bietet die Ausbildung der Befestigungslehre. Wir nennen A. Dürers *Underricht* (1527), M. Sanmichelis (1484—1559) Tätigkeit in Oberitalien (Verona 1527), später die theoretischen Schriften von M. van Coehoorn (1641—1704) und S. le Prêtre de Vauban (1633—1707). Das rege Interesse des 15. und 16. Jahrh. an der Baukunst kommt auch der theoretischen Durchdringung dieses Gegenstandes zugute: Die *Archi-*

ectura des VITRUVIUS POLLIO (um Chr. Geburt) kommt (seit 1486) mehrere Male zum Druck, die *Architettura* (1537) des S. SERLIO († 1552) wird allgemein studiert, und das gleichlautende Werk (1570) des A. PALLADIO (1508—1580) wirkt entscheidend bis nach England weiter; G. VASARI (1511—1574) schildert in seinen *Vite* (1550) Leben und Schicksal der bedeutendsten Baukünstler seiner Zeit. Jetzt gibt J. BAROZZI VIGNOLA (1507—1573), uns als schöpferischer Architekt wohlbekannt, eine neue Einführung in die *Perspektive* (um 1530, zunächst MS) und seine von den Zeitgenossen als vorbildlich angesehenen *architektonischen Kompositionsgesetze* (1560). Der Mathematiker E. DANTI (1537—1586), dem wir die italienische Übersetzung mehrerer antiker *Optiken* verdanken (1573), gibt 1583 BAROZZIS Schrift heraus. In seinen Anmerkungen steht die erste theoretische Begründung für die Distanzpunktregel.

Der entscheidende Fortschritt in der Geometrie wird von den gelehrten Kennern der einschlägigen antiken Schriftsteller inauguriert. Im Ringen um einen philologisch und sachlich einwandfreien Text stoßen sie zu immer besserem Verständnis ihrer Vorlagen vor. Ihre Ergebnisse legen sie zunächst in bedeutungsvollen Ausgaben und Übersetzungen nieder. Besonders interessant ist die EUKLID-Übersetzung (1545) von P. DE LA RAMÉE (1515—1572), der später (1569) im Zusammenhang mit der Kritik am Wissenschaftssystem des ARISTOTELES (1543) beachtliche Einwände gegen die EUKLIDISCHE Methode vorbringt, die von nun an nicht mehr verstummen sollten. Die nach griechischen Handschriften gearbeitete und textkritisch wertvolle Ausgabe des F. COMMANDINO (1572) wird alsbald verdrängt durch das Handbuch des CHR.

CLAVIUS (1537—1612), das eine neue, vor allem von mathematischen Rücksichten bestimmte lateinische Fassung mit eingehenden Erläuterungen und Ergänzungen bringt. Dieses seit 1574 mehr als 150 Jahre lang immer wieder aufgelegte Werk, dem die übrigen mathematischen Schriften des gefeierten Professors am römischen *Collegium Germanicum* würdig zur Seite treten, wird für den Unterricht in den zahlreichen Kollegienhäusern der Jesuiten maßgeblich, aber auch an andern Lateinschulen und Gymnasien gern benutzt; jetzt erst ist die sichere Grundlage für einen gedeihlichen Unterricht geschaffen, der zu höheren Gegenständen überzuleiten vermag.

Wer über die Elemente hinausstrebt, findet die besten Unterlagen in den von F. COMMANDINO (1509 bis 1575) besorgten lateinischen Klassikerausgaben. Der ARCHIMEDES (1558) ist ein verheißungsvoller Anfang; daß COMMANDINO nicht nur das Textliche, sondern auch den mathematischen Inhalt voll versteht, zeigt die wichtige Studie über die *Schwerpunktmethoden* (1565). Dem PTOLEMAEISCHEN *Planisphaerium* (1558) ist eine kurze Einführung in die Perspektive angefügt, die jedoch noch nicht bis zum Distanzpunktverfahren vordringt. Besonders anregend hat die Ausgabe der ersten vier Bücher *Conica* des APOLLONIOS (1566) gewirkt, die erstmals einen wirklichen Einblick in die antike Kegelschnittlehre vermittelt. Die beigegebenen Ergänzungen aus PAPPOS, dessen Gesamtausgabe erst posthum (1588) erfolgen konnte, reizen die feinsten Köpfe der damaligen Zeit zu den berühmten Wiederherstellungen an, die schließlich zur Koordinatengeometrie und zur Lehre von den Extremwerten führen sollten. In der EUKLID-Übersetzung (1572) wird endlich mit der alten Fehlmeinung aufgeräumt, EUKLID sei identisch mit dem *megarischen* Philosophen (um 400 v. Chr.) und nur Verfasser der Sätze, während die Beweise von THEON oder anderen hinzugefügt worden seien.

Mathematisch noch stärker veranlagt als COMMANDINO ist der zweisprachige Sizilianer FR. MAUROLICO (1494—1575), dessen vorzügliche lateinische Übersetzungen mit ihren wertvollen Erklärungen zum Teil erst 100 Jahre später an die Öffentlichkeit kommen sollten: der APOLLONIOS 1654, der ARCHIMEDES erst 1685. In der *Arithmetik* (1575) findet sich eine Bemerkung von methodischer Wichtigkeit: In einem Beispiel wird der Schluß von der vollständigen Induktion wesentlich deutlicher verwendet als in den zahlentheoretischen Büchern EUKLIDS, worin er sozusagen nur versteckt enthalten ist. Auch der letzte große antike Mathematiker, nämlich DIOPHANT, wird um diese Zeit zugänglich. In R. BOMBELLIS *Algebra* (verfaßt um 1560, Druck 1572) steht eine vorzügliche italienische Bearbeitung, die sich auf die lateinische Übersetzung des Humanisten G. AURIA (um 1560) stützt. Die lateinische Übersetzung von W. HOLTZMANN (1575) ist eine philologisch bedeutsame, jedoch mathematisch geringwertige Leistung. Ausgezeichnet ist die bereits in algebraisierter Form gegebene französische Bearbeitung der ersten vier Bücher von S. STEVIN (1585).

Unter dem Einfluß der antiken Klassiker sind die ersten selbständigen geometrischen Schriften der Spätrenaissance entstanden. Wir erwähnen zunächst die rein stereometrisch gehaltene Untersuchung J. WERNERS (1468—1528) bezüglich einzelner Kegelschnittsätze, dann die Arbeit G. B. BENEDETTIS (1530 bis 1590) über Konstruktionen mit fester Zirkelöffnung (1553), schließlich einige mißlungene Kreisquadraturen, wie jene des O. FINE (1494—1555) aus dem Jahr 1544 (1559 widerlegt von J. BUTÉON, 1492—1572) oder die des J. J. SCALIGER (1540—1609) aus dem Jahr 1594, die von FR. VIÈTE (1594) zurückgewiesen wurde. Die Fachleute der damaligen Zeit stellen diese Kreisquadraturen in eine Linie mit der Bemerkung J. PELETIERS (1517—1582) in seiner EUKLID-Studie (1557), der Kontingenzwinkel sei in Wahrheit keine endliche Größe, sondern gleich Null. Diese Auffassung wird insbesondere von CLAVIUS (in der EUKLID-Ausgabe) abgelehnt; erst VIÈTE (1593) erkennt, daß PELETIER im Recht ist. Fast alle bedeutenden Humanisten der Spätrenaissance sind den mathematischen Studien sehr zugetan und von ihrer Allgemeinbedeutung überzeugt; ich erwähne insbesondere diesbezügliche Äußerungen in den Schriften des TH. MORE (1477—1535) und des J. L. VIVES (1492—1540), vor allem aber die Einleitungen, die PH. MELANCHTHON (1497—1565) den zahlreichen mathematischen Ausgaben und Schriften deutscher Protestanten vorangestellt hat. Sein Interesse gehört in ebenso starkem Maße auch der Astrologie und Astronomie (1553).

Und gerade auf diesem Gebiet sollte sich dem klassisch gebildeten und weitgereisten N. COPPERNICUS (1473—1543) nach jahrzehntelangem Suchen die neuartige Einsicht erschließen, daß das PTOLEMAEISCHE Weltgebäude unrichtig ist und die Sonne, nicht die Erde in den Mittelpunkt des Planetensystems gestellt werden muß. Seit 1514 ist ein kurzer *Vorbericht* hierüber handschriftlich im Umlauf, seit 1533 wissen einige Vertraute von der Existenz einer eingehenden Darstellung; 1539 wird COPPERNICUS von dem Wittenberger Mathematikprofessor G. J. RHAETICUS (1514 bis 1576) aufgesucht, der sich in die neue Lehre einführen läßt, den *Vorbericht* (1540) zum Druck befördert und die Veröffentlichung des Hauptwerkes bei dem Nürnberger Drucker J. PETREJUS († 1551) in die Wege leitet. Er überwacht den Druck bis 1542; dann tritt der Nürnberger protestantische Theologe A. OSIANDER (1498—1552) an seine Stelle, der mit Rücksicht auf die ablehnende Haltung M. LUTHERS (1483—1546) und PH. MELANCHTHONS eigenmächtig ein Vorwort zu den *Revolutiones* (1543) hinzufügt, worin die neue Lehre entgegen der Überzeugung des Autors nur als eine Hypothese hingestellt wird. Die Mehrzahl der Fachgelehrten steht dem heliozentrischen Standpunkt zunächst ablehnend gegenüber; unter den ersten Anhängern ist E. REINHOLD (1511—1553) zu nennen, der 1551 die *Preußischen Tafeln* herausgibt — ein Tabellenwerk der Planetenbewegung nach der COPPERNICANISCHEN Manier, das sich alsbald gegenüber den veralteten *Alfonsinischen Tafeln* durchsetzt. Die Unstimmigkeiten gegenüber den Beobachtungen führen jedoch dazu, daß T. BRAHE (1546—1601) den heliozentrischen Standpunkt wieder verläßt und eine vermittelnde These auszubauen versucht. In England wird die COPPERNICANISCHE Lehre durch die von L. DIGGES († 1571 ?) besorgte Übersetzung der *Revolutiones* (1576 u. ö.) bekannt und setzt sich langsam gegenüber dem PTOLEMAEISCHEN System durch.

Das zunehmende Interesse an astronomischen Fragen kommt auch der Trigonometrie zugute. 1533 bringt J. SCHÖNER (1477—1547) die REGIOMONTANSCHE *Trigonometrie* heraus, 1542 erscheint die COPPERNICANISCHE *Trigonometrie*, 1551 ihre Weiterbildung durch RHAETICUS (7stellige Tafeln der trigonometrischen Funktionen von 10″ zu 10″), 1553 der *Canon foecundus* von E. REINHOLD (7stellige Tangententafel), während die großen 10stelligen Tafeln des RHAETICUS (1569) erst 1596 durch V. OTHO (1550 ?—1605 ?) zum Druck befördert und schließlich durch die Sinustafeln des B. PITISCUS (1561—1613) ergänzt werden (1613). Das Rechnen mit diesen vielstelligen Tafeln wird durch die Anwendung der prosthaphairetischen Methoden wesentlich erleichtert, die nunmehr — vielleicht in indirekter Abhängigkeit von J. WERNER — fast gleichzeitig von mehreren Gelehrten verfeinert werden.

Gegen Ende der Renaissance steht den Studierenden der mathematischen Fächer reiches neues Material zur Verfügung, das auf jedem Gebiet zur Fortsetzung, Weiterführung und Vertiefung der bisherigen Ergebnisse einlädt. Aber noch fehlt die große Persönlichkeit, die das Ganze einheitlich überblickt und zusammenfassen kann. Sie findet sich in der Gestalt des genialen FR. VIÈTE, der als Herold einer neuen Epoche angesehen werden muß: Mit ihm beginnt in der Mathematik das Zeitalter des Barock.

Praktisches Rechnen

Allgemeines

H. Grosse: *Historische Rechenbücher des 16. u. 17. Jh.*, Leipzig 1901; Ergänzungen v. I. G. Spasskij in Istoriko mat. Issledov. 5, 1952.
J. O. Halliwell: *Rara mathematica*, London 1838/39, ²1841.
A. de Morgan: *Arithmetical books from the invention of printing to the present time*, London 1847.
M. L. Schulte: *Additions in Arithmetic, 1483–1700 ...*, Ann Arbor 1935, Lithogr. Diss. Univ. Michigan.
A. J. E. M. Smeur: *De zestiendeeeuwse Nederlandse Rekenboeken*, d. Haag 1960 (Diss.).
D. E. Smith: *Rara arithmetica*, Boston/London 1908.
P. Treutlein: *Das Rechnen im 16. Jh.*, in d. Abh. z. Gesch. d. Math. 1, Leipzig 1877.
Fr. Unger: *Die Methodik der praktischen Arithmetik in historischer Entwicklung*, Leipzig 1888.

Einige Rechenbücher bis zum Ende des 16. Jh.

a) *In deutscher Sprache*

Frater Fridericus Gerhart (†1464/65): *Algorismus Ratisbonensis* (lat.-dtsch. Mskr. 1449/58).
Bamberger Blockbuch (zw. 1470/80).
U. Wagner († 1489/90): 1482.
Bamberger Rechenbuch: 1483.
J. Widmann (* um 1460): 1489.
J. Böschensteyn (1472–1532): 1514.
J. Koebel (1470–1533): 1514 u. ö.

A. Ries (1492–1559): 1518 u. ö.
H. Schreyber (Grammateus) (*vor 1496, † 1525): 1521 u. ö.
K. Feme: 1523.
Wittenberger Rechenbuch: 1525.
Chr. Rudolff (1500?–1545?): 1526 u. ö.
P. Apian (1495 – 1552): 1527.
N. Felner: 1535.
A. Böschensteyn: 1536.
M. Stifel (1487?–1567): 1538 u. ö.
S. Jacob (1510?–1565): 1557 u. ö.
J. Fischer: 1559 u. ö.
A. Helmreich: 1561.

b) *In englischer Sprache*

St. Albans Rechenbuch: 1537 nach niederländischer Vorlage (1508).
H. Baker: 1568.
R. Recorde (1510?–1558): 1541 u. ö.

c) *In französischer Sprache*

N. Chuquet († um 1500): Mskr. 1484.
Estienne de la Roche (Villefranche) (* um 1480): 1520.
G. Gomparst: 1535, [2]1600; niederl. 1591, [2] 1600.
J. Peletier (1517–1582): 1548.
Antwerpener Rechenbuch: 1529 nach niederländischer Vorlage (1510?).
V. Mennher († vor 1573): 1550, 1556, 1570.
Cl. de Boissière (* um 1500): 1554.
P. Forcadel (1520–1576): 1556/57.
J. Trenchant (* um 1525): 1558.
J. Butéon (1492–1572): 1559.
P. Savonne: 1563.
J. Chauvet: 1578.
A. Smyters: 1580, niederl. 1609; 1583.
E. E. L. Mellema (1544–1602?): 1582/86.

d) *In italienischer Sprache*

G. Tagliente: 1515.
Fr. Feliciano (Lazesio) (1490? bis 1537?): 1517 u. ö.
Fr. Ghaligai (1490?–1536): 1521.
G. Sfortunati (* um 1500): 1534.
P. Cataneo: 1546.
N. Tartaglia (1500?–1557): 1546 u. ö.
G. Fr. Peverone: 1558.
G. Lapazzaia: 1566.
J. Unicorno: 1598.
O. Cantone: 1599.

e) *In niederländischer Sprache*

Brüsseler Rechenbuch: 1508, [2]Antwerpen 1510? u. ö. D. Ausgabe v. 1508 oder 1510? ist Vorlage von St. Albans Rechenbuch (1537, engl.), die von 1510? für d. Antwerpener Rechenbuch (1529, frz.).
G. van der Hoecke: 1537.
M. K. Creszfeld († um 1565): 1557.
V. Mennher († vor 1573): 1560, frz. 1561.
P. Heyns (1537–1598): 1561, frz. 1584.
W. Raets († zw. 1566 u. 1576): 1566.
N. Petri († 1602): 1567; 1583 u. ö.
N. Pieterszoon: 1567 u. ö. mit wechselnden Titeln.
A. van der Gucht: 1569.
H. J. Helmduyn: 1569.
R. van Heusden: vor 1591.
B. Stockmans: 1595.
M. Wentsel: Middelburg 1599.
J. van der Schuere of Meenen (1576–nach 1643): 1600.

f) *In spanischer Sprache*

A. Delatore: 1489.
J. de Ortega (1480?–1568?): 1512.
M. Aurel: 1552.
J. Diez Freyle: 1556.
J. P. de Moya: 1562.
M. G. Santa Cruz: 1594.

g) *In tschechischer Sprache*

G. Gehrl († nach 1588): 1577.

h) *In lateinischer Sprache*

1. Zum Druck gelangte scholastische Autoren

Johannes de Sacrobosco (1200? bis 1256?): 1488.
Thomas Bradwardine (1290? bis 1349): 1495.
Jordanus Nemorarius (um 1260?): 1496 u. 1534.
Johannes de Muris (1290? bis 1360?): 1515.
Johannes de Lineriis (1300? bis 1350): 1540.

2. Aus der deutschen, niederländischen und schweizerischen Schule

Leipziger Rechenbuch: 1490.
Georg v. Peurbach (1423–1461): 1495.
B. Licht: 1500.
J. Huswirt: 1501.
Johannes v. Cues: 1502.
Th. Tzwivel: 1505.
Johannes v. Landshut: 1513.
H. Schreyber (Grammateus) (*vor 1496, † 1525): 1514 u. ö.
Johannes v. Gmunden (1380? bis 1444): 1515.
H. Stromer: 1520.
Rechenbuch v. Deventer: 1523.
J. Wolph: 1527.
U. Regius: 1536.
Löwener Rechenbuch: 1539.
H. Loriti (Glareanus) (1488–1563): 1539.
J. van Bronkhorst (Noviomagus) (1494–1570): 1539.
J. Willich (1501–1552): 1540.
Gemma Frisius (1508–1555): 1542; frz. 1561.
H. Vuelpius: 1544.
J. Scheybl (1494–1580): 1545 u. ö.
J. Micyllus (1503–1558): 1555.
K. Peucer (1525–1602): 1556.
J. Monhemius: 1561.
B. Herbestus (1531–1593): 1561.
M. Steinmetz: 1568?, 1575.
P. Beausard (1535–1577): 1573.
Chr. Wursteisen (Ursticius) (1544 bis 1588): 1579.
Chr. Clavius (1537–1612): 1583.
B. Stockmans: 1589.
S. Suevus: 1593.

3. Aus der französischen Schule

J. Clichtovaeus (1472–1543): 1510.
J. M. Blaise: 1513.
J. Fernel (1497–1558): 1528.
O. Fine (1494–1555): 1532.
J. Peletier (1517–1582): 1545.
P. de la Ramée (1515–1572): 1555.
B. Salignac: 1575 u. ö.

4. Aus der spanischen Schule

P. S. Ciruelo (1470?–1560): 1495 u. ö.
J. M. Guijeno (Silicius): 1514.
G. Lax (1487?–1560): 1515.
J. de Ortega (1480?–1568?): 1516.

5. Aus anderen Schulen

Pr. de Beldomandi (1380?–1428): 1483.
Georg v. Ungarn: 1499.
T. Kl̃os: 1538.
C. Tunstall (1474–1559): 1522.

Algebra der Cossisten

Allgemeines

M. Curtze: *Ein Beitrag zur Geschichte der Algebra in Deutschland im 15. Jh.*, in d. Zeitschr. f. Math. u. Phys., 40, 1895.

J. W. L. Glaisher: *On the early history of the signs + and –*, in Messenger of Math. 51, 1921.

V. Sanford: *The history and significance of certain standard problems in algebra*, New York 1927.

P. Treutlein: *Die deutsche Coß*, in d. Abh. z. Gesch. d. Math. 2, Leipzig 1879.

E. Wappler: *Zur Geschichte der deutschen Algebra im 15. Jh.*, Zwickau 1887 (Prgr.).

Einige cossische Schriften bis zum Ende des 16. Jahrhunderts

Deutsche u. niederländische Schule:
Frater Fridericus Gerhardt (um 1461).
Dresdner Algebra (um 1481), benutzt von Widmann u. Ries.
Leipziger Algebra (1486), Nachschrift von Vorlesungen J. Widmanns (* um 1460).
Wiener Algebra (um 1500), benutzt von Rudolff.
H. Schreyber (Grammateus) (* vor 1496, † 1525): 1521.
Andr. Alexander, um 1545 deutsche Bearbeitung des lat. Mskr. *Initius Algebras* von 1524.
A. Ries (1492–1559), Mskr. von 1524.
Chr. Rudolff (1500?–1545?): 1525.
P. Apian (1495–1552): 1527.
G. van der Hoecke: 1537.
M. Stifel (1487?–1567): 1544 u. ö.
J. Scheybl (1494–1580): 1551, Einwirkung auf die Franzosen.
M. Aurel: 1552, Einwirkung auf die Portugiesen.
V. Mennher († vor 1573): 1556, 1565.
S. Jacob (1510?–1565): 1557 u. ö.
N. Petri († 1602): 1583.
E. E. L. Mellema (1544–1602?): 1586.
Chr. Clavius (1537–1612): 1608.

Italienische Schule:
L. Pacioli (1445 – 1514), Mskr. um 1470.
N. Chuquet († um 1500), Mskr. v. 1484, Einwirkung der italienischen Schule.
R. Canacci: Mskr. vor 1500.
G. Cardano (1501–1576): 1539 u. ö.

Französische Schule:
J. Peletier (1517 – 1582): 1554.
P. de la Ramée (1515–1572): 1555 u. ö.

Fernwirkung:
R. Recorde (1510? – 1558): 1557.
P. Nuñez (1502–1578): 1567.

Um die cubische Gleichung

L. Olschki: *Geschichte der neusprachlichen wissenschaftlichen Literatur*, Halle I 1919, II 1922, III 1927.

V. Abschnitt

Frühbarock (etwa 1550 bis 1650 n. Chr.)

1. Fr. Viète (1540—1603)

Viète beginnt seine wissenschaftliche Laufbahn als Erzieher der Cathérine Parthenay (1554—1631), für die er eine großangelegte *Astronomie* schreibt, deren Einleitung 1637 gedruckt wird. Er kennt den *Vorbericht* (Druck 1540) und das *Hauptwerk* (Drucke 1543, 1566) des Coppernicus, lehnt jedoch die neue Planetentheorie wegen zu geringer Übereinstimmung mit den Beobachtungstatsachen ab und sucht das Ptolemaeische System sinngemäß zu verbessern. Seit 1571 ist er als Rechtsanwalt tätig und steigt 1573 zum Kronjuristen auf. In den Jahren 1584/89, da er vorübergehend von politischen Gegnern verdrängt wird, widmet er sich ganz seinen mathematischen Lieblingsstudien.

Der *Canon* (Druck 1571/79) ist stark beeinflußt von der *Trigonometrie* Regiomontans (Druck 1533) und den *Tafeln* des Rhaeticus (1551), ist aber wesentlich genauer als beide. Viète gibt in einer geschickt angeordneten Tafel doppelten Eingangs die 6 Winkelfunktionen je Minute auf 5, je Grad auf 10 Dezimalen und fügt die sexagesimalen Gegenwerte bis zu $k : 60^3$ an; die Vorzüge der dezimalen Schreibweise werden eindringlich hervorgehoben. Durch fortgesetztes Winkelhalbieren gewinnt er aus den Funktionen des Winkels 30° jene des Winkels $30° : 2^{16} = 225' : 8192$ auf 10 Dezimalen, daraus π auf 9 Dezimalen und dann vermöge $m \sin \frac{180°}{n} < n \sin \frac{180°}{m}$ $(3 < m < n)$ den Sinus von 1′ auf 13 Dezimalen. Die Ansätze zur Entwicklung von $\cos nt$ und $\frac{\sin nt}{\sin t}$ als Funktionen von $\cos t$

werden erst später genauer ausgeführt (1593, von A. ANDERSON mit ergänzenden Erläuterungen 1615 hgg.); die sphärische Trigonometrie wird aus dem Sinus-Satz und einer modifizierten Form des Cosinus-Satzes entwickelt. Dabei erscheinen die heute nach NEPER benannten Regeln für das rechtwinklige sphärische Dreieck. Für schiefwinklige Dreiecke benötigt VIÈTE noch 28 Fallunterscheidungen; später (in den *Varia responsa* VIII, 19) kommt er mit 6 aus. Die vorzügliche Näherung $\sqrt[3]{2} \approx \sqrt[4]{2} + \frac{1}{20}\sqrt{2}$ und ähnliches lassen vermuten, daß auch die (rechnerisch noch ungelenke, jedoch grundsätzlich wichtige) Näherungsmethode zur *numerischen Auflösung von Gleichungen* (systematische Bestimmung der nächsten Dezimale eines vorliegenden Näherungswertes; Druck 1600) aus der Frühzeit stammt.

In der Verbannung studiert VIÈTE die mathematischen Klassikerausgaben COMMANDINOS (Drucke seit 1558) und der Franzosen, ferner CARDANO (1545, 1570), TARTAGLIA (1546, 1556/60), BOMBELLI (1572), HOLTZMANNS DIOPHANT (1575) und STEVIN (1585). Der sich fortwährend wiederholende algorithmische Formalismus in DIOPHANT und seinen Erklärern veranlaßt ihn bei allgemeinen Umformungen zur Einführung numerisch unbestimmter algorithmischer Größen, der Buchstaben, an Stelle der Zahlen. So entsteht die *Logistica speciosa*, worin bekannte Größen durch Konsonanten, Unbekannte durch Vokale bezeichnet werden.

In der 1591 gedruckten *Isagoge* werden Potenzen der Bekannten und Unbekannten noch in Worten ausgedrückt; neben + und — wird nur noch die Division symbolisch bezeichnet (Bruchstrich), hingegen Multiplikation und Gleichsetzung verbal. Die strenge Einhaltung des Homogenitätsgesetzes weist auf den geometrischen Ursprung der Methode hin, die Fülle von Gräzismen auf die antike Wurzel. In den *Notae priores* (Druck erst 1631) werden algebraische Ausdrücke konstruiert und umgeformt, ferner Sätze über rechtwinklige Dreiecke zusammengestellt, die dem Additions- und Subtraktionstheorem der Sinusfunktion entsprechen. In der *Recognitio aequationum* (Druck erst 1615) wird unter italienischem Einfluß jede Gleichung gedeutet als Eigenschaft zwischen den Gliedern einer geometrischen Reihe. In der *Emendatio aequationum* (Druck 1615) werden Brüche und Wurzeln beseitigt und einfach erkennbare Faktoren abgespalten. Hier wird $x^3 + 3ax = 2b$ vermöge $y^2 + xy = a$ in $y^6 + 2by^3 = a^3$ übergeführt und die Gleichung 4. Grades im Anschluß an Ferrari gelöst. An Beispielen bis zum 5. Grad wird klar, daß Viète die Gleichungskoeffizienten aus den Gleichungslösungen aufzubauen vermag.

In anderer Hinsicht ist Viète noch kaum über seine italienischen Lehrmeister hinausgekommen. Da er die Buchstaben auf positive Größen beschränkt, muß er viele überflüssige Fallunterscheidungen machen. Die im Formalen weiter vorangeschrittenen Kenner der deutschen *Coß*, wie etwa Clavius, werden von der Überzahl ungewohnter Fachausdrücke abgestoßen und verkennen die aussichtsreichen Möglichkeiten der *Logistica speciosa*. Anders urteilen die Franzosen, Engländer und Niederländer. Unter den Händen von Th. Harriot (1610, Druck 1631), A. Girard (1629), W. Oughtred (1631) und P. Hérigone (1634) wird die neue Methode geschmeidiger. Die neuzeitliche Entwicklung beginnt freilich erst mit R. Descartes (1637).

Viète will die von den Alten geometrisch verhüllte, jedoch seiner Ansicht nach aus Diophant deutlich erkennbare mathematische Methode wiedergewinnen. Dies veranlaßt ihn zu eingehender Untersuchung der *Arithmetica* unter Verwendung algebraischer Hilfsmittel (*Zetetica*). Bemerkenswert ist die Behandlung unbestimmter Ausdrücke, die zu Quadraten gemacht werden, sowie die Zerlegung einer Kubensumme oder -differenz in eine andere vermöge

$$a^3 - b^3 = (a - b^2/t)^3 - (b - a^2/t)^3$$

mit $3abt = a^3 + b^3$. Wird die Buchstabenalgebra algorithmisch gewendet und auf Zahlenbeispiele beschränkt, so erklärt sie Sinn und Inhalt der Diophantischen Sammlung, geometrisch gewendet Buch VII der *Collectiones* von Pappos. Der allgemeinen geometrischen Analysis entspricht die unbestimmte Auflösung einer arithmetischen Aufgabe. Daher ist mittels der *Logistica speciosa* alles algebraisch Erfaßbare zugänglich.

Demgemäß enthält die *Canonica recensio* (1591) die geometrische Deutung der Grundoperationen und die Auflösung der Gleichungen $x^4 \pm a^2x^2 = \pm b^4$ mit Zirkel und Lineal. Andrerseits lassen sich mit Zirkel und Lineal nur quadratische Irrationalitäten und ihre Überlagerungen erfassen. Wird aber als weiteres Konstruktionsmittel die „Einschiebung" einer gegebenen Strecke $A_1A_2 = c$ durch den gegebenen Punkt P zugelassen, so daß A_1, A_2 bzw. auf die Geraden g_1, g_2 fallen, dann kann man (*Supplementum geometriae*) 2 geometrische Mittel einschieben (Gleichung: $a : x = x : y = y : b$) und Winkel dritteln (Gleichung: $x^3 - 3x = y$ mit $x = 2 \sin t$, $y = 2 \sin 3t$) und das regelmäßige Siebeneck konstruieren. Dazu muß man die Gleichung $x^3 + x^2 - 2x = 1$ (Normalform: $u^3 - 7u = 7$) auflösen. Allgemein ist jede Gleichung 3. oder 4. Grades durch Einschieben zweier geometrischer Mittel und Winkeldrittelung lösbar.

Das (allein zum Druck gekommene) Buch VIII der *Varia responsa* enthält viele feine Einzelheiten in loser Reihenfolge. Die Summierung der geometrischen Reihe $a_1, a_2, \ldots, a_n$ vermittels

$$a_1 : a_2 = (a_1 + a_2 + \cdots + a_{n-1}) : (a_2 + a_3 + \cdots + a_n) = \\ = (s_n - a_n) : (s_n - a_1)$$

stützt sich auf EUKLID IX, 35. Ist der Quotient absolut kleiner als 1, so ist $\lim\limits_{n\to\infty} a_n = 0$ und $s_\infty = a_1^2 : (a_1 - a_2)$. Den Kontingenzwinkel sieht VIÈTE (gleich PELETIER, der jedoch unerwähnt bleibt) a's Null an; demgemäß hält er den auf die Größeneigenschaft des Kontingenzwinkels gestützten Unmöglichkeitsbeweis für die Kreisquadratur für unzulänglich. Er drückt das Flächenverhältnis $f_n : f_{2n}$ der regelmäßigen n- und $2n$-Ecke im Kreis des Halbmessers r aus durch $2\varrho_n : 2r$ und geht in unendlich vielen Schritten vom einbeschriebenen Quadrat f_4 zum Kreis f über vermittels $\frac{f_4}{f} = \lim\limits_{n\to\infty} \Pi \frac{\varrho_n}{r}$. So erhält er das unendliche Wurzelprodukt

$$\sqrt{\frac{1}{2}} \cdot \sqrt{\frac{1}{2} + \frac{1}{2}\sqrt{\frac{1}{2}}} \cdot \sqrt{\frac{1}{2} + \frac{1}{2}\sqrt{\frac{1}{2} + \frac{1}{2}\sqrt{\frac{1}{2}}}} \cdots$$

für $2/\pi$. Dies ist der älteste uns bekannte rein analytische Ausdruck für π.

In einem Auszug aus den *Winkelschnitten* erscheint unter anderem die Formel

$$\sin t + \sin 2t + \cdots + \sin nt = \frac{1}{2}\left\{1 + \frac{1}{\sin t} + \frac{\cos t}{\sin t}\right\}$$

($nt = 90°$), die sogleich auf $t = 1'$ angewendet wird. So steht VIÈTE unmittelbar vor der Integralformel $\int_0^{\pi/2} \sin t \cdot dt = 1$. Anschließend bildet er geradlinig quadrierbare Kreisbogenzweiecke, die ganz auf der einen Seite der Verbindungsgeraden ihrer beiden Ecken liegen. Er teilt den einen Bogen in m, den andern in n gleiche Stücke und fordert, daß durch Hinzufügen der zugehörigen Sehnen $m + n$ zueinander ähnliche Kreissegmente entstehen. Verhalten sich die zugehörigen Sehnen $2r \cdot \sin mt$ und $2r \cdot \sin nt$ wie $\sqrt{m} : \sqrt{n}$, so ist das Problem gelöst. VIÈTE behandelt die Fälle $m = 1$, $n = 2, 3, 4$ und gibt im letzten Falle eine elegante Konstruktion durch Einschieben zweier geometrischer Mittel.

Die ARCHIMEDISCHE Spirale $r = a\varphi$ erzeugt VIÈTE aus dem Kreis $r = a \cdot \sin \varphi$ durch Geradestrecken des Bogens $\frac{a}{2} \cdot 2\varphi$; er deutet die Fläche Σ des zum Mittelwinkel φ gehörenden Kreissegments aus

$$\frac{1}{4} \cdot \frac{a}{2} \cdot (a\varphi - a \sin \varphi)$$

als Rechteck und bemerkt, daß die Tangente im Spiralenpunkt $P(\varphi)$ beinahe gleiche Winkel mit den nach $P_+(\varphi + \varepsilon)$ und $P_-(\varphi - \varepsilon)$ zielenden Spiralensehnen bildet (ε wird als konstruierbarer Teil von 90° angesehen). Ist $\varphi = 90°$, $\varepsilon = 90°$, dann findet er eine Abweichung der beiden Winkel von etwa 45'; mit $\varphi = 90°$, $\varepsilon = 4\frac{1}{2}°$ nur mehr $\frac{1}{10}'$. Die Winkeldifferenz nimmt also mit abnehmendem ε (> 0) unbeschränkt ab. Wir sehen in dieser Überlegung den ersten Versuch, in einem nicht trivialen Fall direkt zur Grenze überzugehen.

Die Veröffentlichung des VIII. Buches der *Responsa* (Anfang 1593) fällt in eine Auseinandersetzung mit dem gelehrten Vielwisser J. J. SCALIGER (1540—1609), der aus angeblich gefundenen Konstruktionen der Kreisquadratur (darunter $\pi = \sqrt{10}$), der Würfelverdoppelung und der Winkeldreiteilung mit Zirkel und Lineal großes Wesen machte und seine Kritiker kurzerhand als Ignoranten bezeichnete. Da er VIÈTES Kritik nicht gewachsen war, verließ er (1594) Frankreich, um eine Professur in Leiden zu übernehmen. Die dort von ihm veröffentlichten *Cyclometrica elementa* und das *Mesolabium* (1594) wurden alsbald von den tüchtigsten zeitgenössischen Fachmathematikern widerlegt. Die interessantesten Gegenschriften sind die beiden Zurückweisungen von VIÈTE.

Im *Munimen adversus cyclometrica nova* (1594) nähert VIÈTE ein Kreissegment an durch das Segment einer einbeschriebenen und an der einen Ecke berührenden ARCHIMEDISCHEN Spirale und wird zu einer Beziehung geführt, die mit $\frac{3 \sin t}{2 + \cos t} < t$ gleichwertig ist. Damit ist die oben (S. 127) erwähnte Regel des CUSANERS als Näherung erwiesen. VIÈTE ist sich vielleicht dieses Zusammenhangs nicht bewußt; wohl aber weiß er, daß man ähnlich auch vermittels eines Parabelsegments annähern kann. Seine Regel, wonach das Kreissegment größer ist als $^4/_3$ des einbeschriebenen gleichschenkligen Dreiecks, führt auf $\frac{\sin t\,(4 - \cos t)}{3} < t$ und ist nur wenig ungenauer als die vorige. Diese

Näherungsmethode sollte später durch CHR. HUYGENS (1629—1695) in überraschender Form weiter ausgebaut werden (1654; s. u. S. 163).

Im *Pseudomesolabium* (1595) untersucht VIÈTE jene Kreissehnen, welche den Durchmesser so schneiden, daß 4 Abschnitte in geometrischer Reihe entstehen. In einem Anhang widerlegt er SCALIGERS Behauptung, im Kreisviereck sei der Durchmesser das arithmetische Mittel der beiden Diagonalen. Er entwickelt — vielleicht beeinflußt durch Rechnungen, die sich in dem damals handschriftlich umlaufenden Briefwechsel REGIOMONTANS mit G. BIANCHINI (1464) vorfinden — aus den 4 Seiten a, b, c, d vermittels des PTOLEMAEISCHEN Lehrsatzes $ef = ac + bd$ und der Formel

$$e : f = (ad + bc) : (ab + cd)$$

die Ausdrücke für die Diagonalen e, f. Seine Konstruktion beruht darauf, daß z. B. für die Winkel α, β zwischen den Seiten d, a und a, b gilt $\sin\alpha : \sin\beta : \sin(\alpha + \beta) = (ab + cd) : (ad + bc) : (a + c)(a - c)$.

Daß VIÈTE das ganzzahlige Sehnenviereck $a = 25$, $b = 33$, $c = 60$, $d = 16$ mit den Diagonalen $e = 52$, $f = 39$ und dem Umkreisdurchmesser $2r = 65$ in S. JACOBS *Rechenbuch* (1565) gekannt hat, ist unwahrscheinlich; auch von der hübschen Studie des G. B. BENEDETTI (1530—1590) in den *Speculationes diversae* (1585) und den Konstruktionen im *Problema geometricum* (1586) des FR. BAROZZI (1538 ?—1590 ?) scheint er nichts gewußt zu haben.

Wenige Jahre später wurde das Sehnenviereck in einer selbständigen Untersuchung (1598) des JOH. RICHTER (1537—1616) eingehend behandelt, der von VIÈTE ausgeht und auch die älteren Beiträge der Deutschen berücksichtigt; wir verdanken ihm ein allgemeingültiges Verfahren zur Herstellung von Sehnenvierecken mit ganzzahligen Seiten und Diagonalen, worin auch die Fläche und der Umkreisdurchmesser ganzzahlig werden. RICHTER hatte davon gehört, daß sich auch andere Mathematiker von Ruf mit dem vorliegenden Problem beschäftigt hatten; vielleicht ist außer BENEDETTI noch BOMBELLI gemeint, der im Handschrift gebliebenen Teil seiner *Algebra* (um 1560) eine direkte Berechnung des Umkreisdurchmessers x auf Grund der Beziehung

$$a\sqrt{x^2-b^2}+b\sqrt{x^2-a^2}=c\sqrt{x^2-d^2}+d\sqrt{x^2-c^2}$$

vorgenommen hatte.

Auf VIÈTE stützt sich auch die Untersuchung in den nachgelassenen *Fondamenten* (1615) des LUDOLPH VAN CEULEN (1540—1610), der seine Konstruktion auf die Berechnung jener Abschnitte bezieht, die sich bei Verlängerung zweier Gegenseiten des Vierecks ergeben. Formale Verbesserungen fügt W. SNELL (1580—1626) an — der Herausgeber und Übersetzer der *Fondamenten*. Er findet durch Induktion aus der allgemeinen Dreiecksformel die Inhaltsformel

$$\sqrt{(s-a)(s-b)(s-c)(s-d)},$$

die von nun an des öftern erwähnt wird — z. B. in den *Quaestiones* (1618) des B. BRAMER (1588—1650 ?) oder in der *Trigonométrie* (1626) des A. GIRARD (1595 bis 1632), — aber erst 1727 von PH. NAUDÉ (1684—1747) bewiesen werden konnte.

Europäischen Ruf erwarb sich VIÈTE im Wettstreit mit A. VAN ROOMEN (1561—1615). Dieser hatte in den (1590 abgeschlossenen, 1593 gedruckten) *Ideae mathematicae* eine Übersicht über die bedeutendsten damals lebenden Mathematiker gegeben, aber keinen einzigen französischen Mathematiker erwähnt, nicht einmal

VIÈTE. Unter Bezugnahme hierauf äußerte sich der niederländische Gesandte am Hofe HEINRICHS IV. in Fontainebleau abschätzig über die wissenschaftlichen Leistungen der Franzosen, von denen sicherlich keiner das Preisausschreiben in den *Ideae* beantworten könne, das die Auflösung einer Gleichung 45. Grades (der Winkelteilungsgleichung) unter gewissen speziellen Voraussetzungen forderte. Der herbeigerufene VIÈTE gab sogleich eine Lösung, am nächsten Tag die 22 weiteren (positiven) der gestellten Aufgabe. Im *Responsum* (1595) faßte er seine Lösungsmethode zusammen, berichtigte einen Angabefehler des Preisausschreibens und gab den Zusammenhang mit den allgemeinen Gleichungen zur Drittelung und Fünftelung des Winkels. Er wiederholt die in den *Varia responsa* gemachten Bemerkungen über die Winkelschnitte; außerdem schreibt er die Formeln für die Sehne $y_n = 2 \cdot \cos nt$ am Einheitskreis aus der Grundsehne $x = 2 \cdot \cos t$ wirklich an. Die erzeugenden Rekursionsformeln $y_{n+1} = x y_n - y_{n-1}$ sind (in etwas weniger deutlicher Form) erst in der posthumen Ausgabe der *Sectiones angulares* (1615) enthalten, die von A. ANDERSON (1582—1620 ?) unter Beifügen von Beweisen besorgt wurde. Dort wird auch ausdrücklich auf die Verwandtschaft des Koeffizientenschemas („*Canon*") mit jenem des arithmetischen Dreiecks hingewiesen.

Am Ende des *Responsum* stellt VIÈTE dem Herausforderer unter Hinweis auf die verlorenen *Tactiones* des APOLLONIOS die Aufgabe, jene Kreise zu konstruieren, welche 3 gegebene Kreise berühren. VAN ROOMEN kannte eine Äußerung REGIOMONTANS, der an der Auflösung mit Zirkel und Lineal verzweifelt war. Daher bestimmte er die Mittelpunkte der gesuchten Kreise als Schnitte zweier Hyperbeln (1596). Schon 1597 verweist VIÈTE unter Bezug auf PAPPOS (*Collectiones* VII) auf eine elementare Lösungsmöglichkeit. 1600 veröffentlicht er sein aus älteren Papieren (Buch VI der *Varia responsa*) stammendes Verfahren.

Die letzten Lebensjahre VIÈTES sind ausgefüllt mit unfruchtbaren Angriffen gegen die Kalenderreform (1582) GREGORS XIII. (Papst 1572/85), die mit groben Ausfällen gegen CLAVIUS, einen der Berater des Papstes in dieser Angelegenheit, gepaart sind. VIÈTES Standpunkt ist unhaltbar; die scharfe Form seiner Ausführungen hat die Gegenseite verbittert und zu voreiliger Ablehnung der unrichtig eingeschätzten *Logistica speciosa* veranlaßt.

Eine kleine Sammlung VIÈTESCHER Schriften kam — zum Teil mit trefflichen Erläuterungen ANDERSONS versehen — 1615 an die Öffentlichkeit. Teile der algebraischen Schriften wurden von A. VASSET (1630), J. HUME (1636) und N. DURET (1644) ins Französische übersetzt; eine Einführung in VIÈTES *Ars analytica* stammt von J. L. DE VAULEZARD (1630). M. MERSENNE (1588—1648) bemühte sich jahrelang um eine möglichst vollständige Gesamtausgabe der VIÈTESCHEN Schriften; 1637/38 hoffte er die rührigen Leidener ELZEVIERE als Verleger zu gewinnen und ließ einige nachgelassene Schriften VIÈTES von P. DE FERMAT (1601—1665) auf ihre Druckeignung prüfen. 1641 fand sich in SCHOOTEN ein interessierter Herausgeber, der das ihm zur Verfügung gestellte Material in sorgfältiger Überarbeitung und gelegentlich vereinfachter Symbolik (im Sinne der DESCARTESSCHEN Schreibweise) herausbrachte. Erst durch diesen Abdruck wurden VIÈTES Schriften in weiteren Kreisen bekannt. Vieles war 1646 bereits veraltet; manches wurde nicht richtig verstanden, so vor allem die Beiträge zur Analysis. Das Wertvollste aus dem Nachlaß, die 7 ersten Bücher der *Varia responsa*, scheint verloren zu sein. Einige algebraische Arbeiten, die FERMAT wohl zu Recht als bereits unwesentlich angesehen haben dürfte, sind auch heute noch MS geblieben.

2. Die Zeitgenossen Viètes und ihre Schüler (1550—1650)

Die Zeitgenossen, die — von wenigen Ausnahmen abgesehen — kaum etwas von VIÈTE wissen, sehen auf mathematischem Gebiet die Vertreter der seit etwa 1580 mächtig erstarkenden niederländischen Schule als führend an. Die bedeutendste Persönlichkeit dieses Kreises ist der Kriegsingenieur S. STEVIN (1548—1620) aus Brügge, der nach zehnjähriger Wanderschaft in Leiden auftaucht. In den 1582 gedruckten *Tafeln für Zinseszins und Rentenrechnung* sind $(1+q)^{\pm n}$ und $\Sigma\,(1+q)^{\pm k}$ tabuliert; in den *Geometrischen Problemen* (1583) werden (im Anschluß an DÜRER, 1525) einige halbregelmäßige Körper behandelt. Dem Dezimalbruchrechnen und seiner praktischen Bedeutung ist die oft abgedruckte Schrift *De Thiende* (1585) gewidmet, die auch dem französischen *Rechenbuch* (1585) beigegeben ist. Natürlich ahnt STEVIN nichts vom Auftreten der dezimalen Schreibweise bei AL-KÂŠÎ, ebensowenig von den noch sehr ungelenken Versuchen des südfranzösischen Juden IMMANUEL BONFILS v. Tarascon (um 1350), die durch Weiterbildung des schon bei AL-ḪWÂRAZMÎ angedeuteten und in den lateinischen Übersetzungen (z. B. durch JOHANNES v. Sevilla) und Bearbeitungen (etwa bei JORDANUS Nemorarius) näher ausgeführten Anhängens von Nullpaaren beim Quadratwurzelziehen entstanden sein könnten.

Im *Rechenbuch* wird das Beste aus älteren arithmetischen und cossistischen Schriften (z. B. aus GEMMA FRISIUS 1542, STIFEL 1544, BOMBELLI 1572) in selbständiger Bearbeitung und formaler Verbesserung wiedergegeben. STEVIN besitzt zwar noch keine allgemeinen Bezeichnungen für Gleichungskoeffizienten, läßt aber sowohl positive wie negative Koeffizienten und Gleichungswurzeln zu, erkennt irrationale Größen als Zahlen an und weiß von den Schwierigkeiten beim Auftreten des Imaginären. Potenzen der Unbekannten bezeichnet er durch eingeringelte Beizahlen und stellt auf diese Weise auch Bruchpotenzen dar — jedoch nur definitorisch; die operative Verwendung fehlt. Im übrigen hält er an der rein arithmetischen Auffassung der Rechenoperationen fest. Beachtlich ist seine Näherungsregel zur Auflösung höherer Gleichungen: sie kommt auf ein probendes Verfahren mit fortschreitender dezimaler Unterteilung hinaus. Besonders interessant ist die beigefügte französische Übersetzung der ersten 4 Bücher aus DIOPHANTS *Arithmetica.* STEVIN folgt dem HOLTZMANNSCHEN Text (1575) und benutzt BOMBELLIS einschlägige Studien (1572), gibt wertvolle Sinnverbesserungen und wirkt anregend auf den späteren Herausgeber GIRARD. Dieser wird z. B. (1634) zu der Behauptung geführt, jede Primzahl der Form $4n + 1$ sei genau auf eine Weise Summe einer geraden und einer ungeraden Quadratzahl. Die in der *Geometrie* (1585) auftretende Definition der Ellipse aus ihrer Brennpunkteigenschaft stammt aus MONTE (1579).

Zu STEVINS Freundeskreis gehört der Magister R. SNELL (1546—1613, seit 1581 an der 1575 gegründeten

Leidener Ingenieurschule), seit 1585 LUDOLPH VAN CEULEN, seit 1593 SCALIGER; unter den Korrespondenten muß VAN ROOMEN genannt werden. Prinz MORITZ VON ORANIEN (1567—1625) wird 1582/83 von STEVIN in die reine und vor allem in die praktische Mathematik (Buchhaltung, Physik, Technik, Kriegswissenschaft) eingeführt und betraut seinen ehemaligen Lehrer später mit wichtigen militärischen Vertrauensposten. Neben STEVINS belangreichen technischen Erfindungen (Segelfahrzeug, Verbesserungen an Windmühlen und Schleusen) dürfen die *mechanisch-hydrostatischen* Arbeiten von 1586 nicht vergessen werden. Sie schließen an ARCHIMEDES und HERON und die (noch ziemlich unselbständigen) Arbeiten von COMMANDINO (1565) und MONTE (1577) an. Ausgangspunkt sind das Hebelgesetz, die Schwerpunktbestimmung und der Satz vom Auftrieb. STEVIN behandelt die schiefe Ebene auf eigenartige Weise, stößt zum Kräfteparallelogramm, zum Begriff des Metazentrums, zum hydrostatischen Paradoxon und zur Bestimmung vom Aufdruck, Abdruck und Seitendruck vor. Beim Versuch, die ARCHIMEDISCHE Methode direkt zu wenden, benutzt er rein arithmetisch

$$s_n = \sum_{k=1}^{n} k/n^2 = \frac{1}{2} + \frac{1}{2n} \text{ und } s_{n-1} = \frac{1}{2} - \frac{1}{2n}$$

und bereitet den Grenzübergang $\lim\limits_{n\to\infty} s_n = \frac{1}{2}$ vor.

In den vielgelesenen, in niederländischer, französischer und lateinischer Fassung zum Druck gekommenen *Mathematischen Denkschriften* (1605/08) findet sich neben vielen Einzelschriften speziellen Charakters (z. B. über die doppelte Buchführung im Staatshaushalt) eine beachtliche Darstellung zur Perspektive, die über ihr Vorbild (MONTE 1600) in mancher Hinsicht hinausgeht, ferner eine Studie über die Kugelloxodrome. Diese Kurve erscheint auf dem 1541 von G. MERCATOR (1512—1594) für Kaiser KARL V. (1519/56) gefertigten Globus und wurde von NUÑEZ (1546) genauer untersucht. STEVIN konstruiert auf die Kugel aufpaßbare Schablonen zum Ziehen der Kurve; das Fachwort Loxodrome wird von W. SNELL in der lateinischen Übersetzung der *Denkschriften* eingeführt. Die beigegebenen Tafeln sind aus der *Nautik* (1599) von E. WRIGHT (1558—1615) entnommen. Sie enthalten den Abstand v eines Punktes der geographischen Breite φ vom Äquator auf der Karte bei Anwendung einer MERCATOR-Projektion (Zylinderprojektion derart, daß der Breitenzuwachs v auf der Karte proportional zum modifizierten Breitenzuwachs $\varphi : \cos\varphi$ auf der Kugel wird): $v \sim \Sigma \Delta\varphi : \cos\varphi$.

STEVIN ist ein über alle einschlägigen Rechen- und Konstruktionsmethoden wohlunterrichteter Praktiker, dem es jedoch keineswegs an theoretischem Können und Verständnis mangelt. Das Interesse an Fragen der Anwendung in Zusammenhang mit nautischen, militärischen und geographischen Fragen äußert sich bei den Zeitgenossen in vielen kleinen Verbesserungen auf trigonometrischem Gebiet. Sehr rasch setzen sich die 1583 von TH. FINK (1561—1656) vorgeschlagenen Funktionsbezeichnungen *Sinus*, *Tangens*, *Secans* durch; bald kommt es in allgemeinen Umformungen und praktischen Rechnungen zu Abkürzungen und Funktionssymbolen, aber eine endgültige Form wird noch nicht erreicht. Der Formalismus bei Behandlung ebener und sphärischer Dreiecke vereinfacht sich; dabei dient die prosthaphairetische Methode — auf die Formel $2 \cdot \sin a \cdot \sin b = \cos(a - b) - \cos(a + b)$ gestützt —

zur Rückführung von Multiplikationen auf Subtraktionen. Dieses von WERNER (1514) ausgesonnene Verfahren geht aus dem Nachlaß an RHAETICUS (1542), von diesem über RICHTER (1569) an BRAHE, der die praktische Trigonometrie seit 1582 zusammen mit seinem Schüler P. WITTICH (1555—1587) auf die neue Methode umstellt. Durch WITTICH wird BÜRGI (1584) mit der Prosthaphairese bekannt. N. RYMERS († 1599), wohl durch BRAHE und BÜRGI eingeweiht, veröffentlicht die Methode 1588 widerrechtlich als seine eigene Erfindung. CLAVIUS gibt 1593 eine abschließende Darstellung. Für mehr als 50 Jahre hält sich das rechnerisch wohldurchgearbeitete Verfahren und wird nur langsam durch das einfachere und wirksamere logarithmische verdrängt.

Aus der Vierecklehre werden nur einfachere Probleme behandelt, so das Rückwärtseinschneiden nach 3 Punkten, das schon der Wiener Stadtbaumeister A. HIRSCHVOGEL verwendete. Eine eingehende Darstellung findet sich bei W. SNELL (1617); die heutige Benennung nach L. POTHENOT (1692) ist ungerechtfertigt. In SNELLS *Trigonometrie* (1627) wird auch das Rückwärtseinschneiden nach 2 Punkten behandelt — lange vor P. A. HANSEN (1795—1874), nach dem man (seit 1841) die Aufgabe benennt. Die besten Tafeln der damaligen Zeit stammen von B. PITISCUS (1561—1613), dessen *Thesaurus* (1613) nach 10″ fortschreitende 15stellige Sinuswerte zusammen mit den 1., 2. und 3. Differenzen enthält, — nur etwa 3‰ der angegebenen Werte sind unrichtig.

Im Zusammenhang mit der formalen Ausgestaltung der Trigonometrie und der Berechnung vielstelliger Tafeln wird immer größere Genauigkeit bei Bestimmung von π gefordert. Die stümperhaften Versuche des S. DUCHESNE (1583, 1586), des J. J. SCALIGER (1594) und des CHR. S. LONGBERG (1562—1647) werden sogleich von zahlreichen Fachleuten zurückgewiesen. Der vorzügliche Näherungswert $\pi \approx \frac{355}{113}$ (6 richtige Dezimalen) wird um 1573 durch V. OTHO (1550? bis 1605?) und unabhängig durch A. ANTHONISZ (1543?—1620) aus den Näherungen $\frac{22}{7}$ (ARCHIMEDES) und $\frac{377}{120}$ (PTOLEMAIOS) durch Subtraktion der Zähler und Nenner hergestellt und seiner Güte nach richtig beurteilt. Die besten vielstelligen Näherungen für π stammen von den Niederländern. Diese bedienen sich zunächst des ARCHIMEDISCHEN Verfahrens und kommen nur nach langwierigen Wurzelschachtelrechnungen zum Ziel. VAN ROOMEN findet 1593 aus dem $15 \cdot 2^{24}$-Eck 15 Dezimalen, LUDOLPH VAN CEULEN (1540—1610) 1596 aus dem $15 \cdot 2^{37}$-Eck 20 Dezimalen, später aus dem $4 \cdot 2^{60}$-Eck 32 Dezimalen (Druck 1615) und schließlich 35 Dezimalen (Nachricht von W. SNELL, 1621).

Die neuere Entwicklung beginnt mit W. SNELL (1580—1626), der in Leiden schon als 20jähriger öffentliche Vorlesungen über PTOLEMAIOS gehalten hatte und während größerer Reisen in Würzburg mit ROOMEN und in Prag mit BRAHE und KEPLER bekannt geworden war. Seine erste Veröffentlichung, eine Wiederherstellung der APOLLONISCHEN *Bestimmten Schnitte* nach der damals griechisch noch unedierten Übersicht bei PAPPOS (1608), ist mathematisch bedeutend, geschichtlich mißlungen. Die lateinischen Übersetzungen der STEVINSCHEN *Denkschriften* (1608), die der Schriften des LUDOLPH VAN CEULEN zur Kreisquadratur (1615, 1619) und die Ausgabe des lateinischen *Rechenbuchs* von RAMÉE (1613) bereichern die Vorlagen um wertvolle Ergänzungen. Im *Eratosthenes Batavus* (1617) schildert SNELL die Ausführung seiner Gradmessung; wann er das Brechungsgesetz entdeckt hat (Nachricht von GOOL, 1632), ist unbekannt. Im *Tiphys Batavus* (1624) wird die Loxodrome in Weiterführung der Ergebnisse STEVINS (1605/08) untersucht.

Schon PH. VAN LANDSBERGE (1561—1632) hatte 1616 bei Bestimmung von π auf 30 Dezimalen aus dem einbeschriebenen $n = 4 \cdot 2^{44}$-Eck eine empirisch gefundene Näherung benutzt, die mit $t < \frac{\pi \sin t}{2 + (n-2)\cos t}$ gleichwertig ist. SNELL verwendet statt dessen im *Cyclometricus* (1621) eine Kombination von ein- und umbeschriebenen regelmäßigen Vielecken, die auf $\frac{3 \sin t}{2 + \cos t} < t < \frac{1}{3}(\operatorname{tg} t + 2 \sin t)$ hinauskommt. Ob er sich der Gleichwertigkeit der unteren Grenze mit der Näherungsregel des NIKOLAUS VON CUES (1458) bewußt war, steht dahin; sicherlich war ihm jedoch die VIÈTESCHE Regel (1594) bekannt. Den angestrebten elementaren Beweis für seine Näherungen konnte SNELL nicht erbringen; dies ist erst die Leistung von HUYGENS (1654), der neue und bessere Regeln findet.

Der 35stellige Wert von π wird von J. STORMS (1559 bis 1650) zur Kettenbruchentwicklung von π und $\sqrt{\pi}$ verwendet (1633). Hier ist ein Rechenverfahren benutzt, dessen erste Spuren bei BOMBELLI (1572) stehen:

$$3\frac{2}{3} > \sqrt{13} > 3 + 4 : \left(3 + 3\frac{2}{3}\right).$$

P. CATALDI (1548—1626) führt (1613) an speziellen Quadratwurzelbeispielen schrittweise kettenbrucherzeugende Rechnungen aus und erkennt die beiderseitige Annäherung. Unabhängig hiervon gibt D. SCHWENTER (1585—1636) rein arithmetisch auf Grund der Kettendivision für Brüche in ganzen Zahlen Näherungen in kleinen Zahlen (1618, 1636); seine Darstellung scheint STORMS' Quelle zu sein.

Der Hauptteil des STORMSSCHEN Werkes gehört einem Würfelorakel, das in der Zuordnung gewisser weissagender Verse zu den 21 verschiedenen Würfen mit 2 Würfeln besteht. Solche Orakelbücher („Losbücher") waren damals allgemein verbreitet; ein sehr altes stammt von H. VOGTHERR (1539). Verwandte Gegenstände erscheinen auch in gleichzeitigen zahlenmystischen Werken, wie jenen des J. CLICHTOVAEUS (1513) und P. BONGO (1583/84). Tiefer dringen die *Magischen Schriften* (1510, ²1531/33) des C. H. AGRIPPA VON NETTESHEIM (1486—1535). Seltsam ist die Wortrechnung bei M. STIFEL (Anhang zur *Bearbeitung der Coß*, 1553) und J. FAULHABER (*Kalender* für 1618), die in Voraussagen kommender Ereignisse gipfelt. Daß aus solchen abergläubischen Vorstellungen echt mathematische Erkenntnisse hervorgehen können, zeigt die Lehre von den magischen Quadraten, die im 16. Jahrh. ins Abendland eindringt und dort sehr gefördert wird. Besonders instruktiv ist die Terrassenmethode für ungeradzellige Quadrate in den *Problèmes plaisans* (1612, ²1624) des CL. G. BACHET DE MÉZIRIAC (1581—1638).

Dieses Werk ist die erste bedeutende Sammlung auf dem Gebiet der Unterhaltungsmathematik und geht weit über die ältere Literatur hinaus. Hier wird die erste Regel zur ganzzahligen Auflösung der Gleichung $ax + by = c$ gegeben und gezeigt, wie man 2 Ausdrücke der Form $ax + b$ gemeinsam zu Quadraten machen kann. Ebenso wertvoll sind die Erläuterungen zur griechisch-lateinischen DIOPHANT-Ausgabe (1621), worin die Ergebnisse der Vorläufer sorgfältig herangezogen werden. Auf BACHET stützt sich einerseits GIRARD (STEVIN-Ausgaben 1625, 1634), andrerseits P. DE FERMAT (1601—1665), der durch Verallgemeinerung, Umformung und Vertiefung der an DIOPHANT anschließenden Lehren zum Begründer der modernen Zahlentheorie wird.

Auf algebraischem Gebiet setzt sich langsam das Buchstabenrechnen gegenüber der cossistischen Symbolik durch. Wahrscheinlich wäre hier die heute verschollene *Algebra* des LUDOLPH VAN CEULEN zu nennen, auf die z. B. in der interessanten *Aufgabensammlung* verwiesen wird, die den niederländischen Fassungen der *Kreismessung* (1596, [2]1615) als Anhang beigegeben ist. Diese Sammlung enthält insbesondere eine Reihe unbestimmter Fragestellungen im Sinne DIOPHANTS, aus deren allein mitgeteilten Lösungen auf beachtliche algebraische Methoden geschlossen werden kann. Aus einer Erwähnung bei STEVIN geht außerdem hervor, daß auch LUDOLPH ein Verfahren zur näherungsweisen Auflösung algebraischer Gleichungen besaß.

Besondere Bedeutung kommt dem Winkelteilungsproblem zu, das zur Einführung allgemeiner Potenzbezeichnungen nötigt. Es wird (im Zusammenhang mit der ARCHIMEDISCHEN Vieleckmethode zur Kreismessung) vor allem in den Niederlanden behandelt. Daneben muß die Potenzsummenbestimmung aufeinanderfolgender Zahlen durch den zu abstrusem Zahlenaberglauben neigenden J. FAULHABER (1580–1635) genannt werden, der 1631 bis zu Σn^{17} aufsteigt, andrerseits die Berechnung der niedrigsten Potenzsummen von Gleichungswurzeln (bis zu Σx^4) durch A. GIRARD (1629). Schließlich sind Ansätze zu erwähnen, die in Richtung des Fundamentalsatzes der Algebra zielen: P. ROTHE erkennt 1608, daß eine Gleichung n-ten Grades höchstens n Lösungen hat; unabhängig davon spricht TH. HARRIOT (1610, Druck 1631) von n Linearfaktoren eines Polynoms n-ten Grades, und A. GIRARD sagt 1629, unter Miteinbeziehung der komplexen Lösungen habe jede Gleichung n-ten Grades genau n Wurzeln. Derartige theoretisch bedeutsame Gedanken treten jedoch zunächst nur vereinzelt auf; das praktische Interesse überwiegt.

Das gilt in gleicher Weise für die vielen Darstellungen, die der sich gerade entwickelnden Perspektive gewidmet sind. Besondere Hervorhebung verdient MONTE (1600): Er verwendet das Umklappverfahren, beweist das Zusammenlaufen der Bilder paralleler Geraden im Fluchtpunkt und bestimmt die Lage des Auges aus der gegebenen Perspektive einer Geraden. VAULEZARD versucht 1631 aus mehreren Perspektiven das Objekt zu konstruieren. J. NICÉRON (1613–1646) geht 1638 genauer auf die Verzerrungserscheinungen bei perspektivischer Abbildung ein, und J. ALLEAUME (1628, Druck 1643) stellt die Fluchtpunktskala bei Abbildung horizontaler Geraden auf. Der erregte Widerspruch von G. DESARGUES (1591–1661), der allein unter Benutzung des Augpunktes konstruieren will (1636, 1643), führt zu heftigen Auseinandersetzungen, in deren Verfolg A. BOSSE (1611–1678), DESARGUES' begeisterter Anhänger, von seinem Lehramt an der Kunstakademie in Paris zurücktreten muß (1655).

Auf die Anwendung (z. B. im Gelände und zur Raumbestimmung von Fässern) kommt es auch in den zahlreichen geometrischen Schriften dieser Entwicklungsperiode vor allem an. Sie führen zu größerer Vertrautheit mit den bislang ziemlich vernachlässigten geometrischen Problemen und bereiten die später einsetzende Entwicklung vor. Beachtlich ist das Bestreben, den algebraischen Gesichtspunkt immer stärker mit dem geometrischen zu verschmelzen.

Hübsche elementare Quadraturen an teilweise kreisförmig begrenzten Figuren treten schon bei LEONARDO DA VINCI (1452—1519) und später bei VIÈTE (1593) auf. G. DELLA PORTA (1538—1615) gibt 1601 eine Sammlung einschlägiger Beispiele; er bemerkt, daß ein konkav-konvexes Dreieck zwischen zwei Kreisbögen und einer Strecke elementar quadrierbar ist, wenn sich die Mittelwinkel der Bögen wie 2 : 1 und ihre Radien wie $\sqrt{2} : 1$ verhalten. Die von IBN AL-ḤAIṮAM (965 ?—1039) gefundene Möndchenquadratur am allgemeinen rechtwinkligen Dreieck scheint er selbständig nachentdeckt zu haben. P. AURINETO stellt PORTAS Hauptergebnis 1637 elegant zusammengefaßt dar. Ähnliches ist in einer um 1610 entstandenen, jedoch erst 1654 zum Druck gekommenen Jugendschrift des A. DE LIONNE (1583—1663) enthalten, worin übrigens PORTA nicht erwähnt wird.

Die folgenreichste Leistung des ausgehenden 16. Jahrh. auf dem Gebiete der praktischen Mathematik ist die Erfindung der Logarithmen durch BÜRGI (seit 1588) und NEPER (seit 1594) und der Übergang zu dekadischen Logarithmen gemäß BRIGGS' Vorschlag (1615).

Der des Lateins unkundige Schweizer Uhr- und Instrumentenmacher J. BÜRGI (1552—1632) verwendet um 1586 die durch Einführung von Hilfswinkeln zweckmäßig weitergebildete prosthaphairetische Methode bei Berechnung sphärischer Dreiecke, drückt um 1592 die Sehnen von Bogenvielfachen rechnerisch aus ($x = 2r \sin t$, $y = 2r \sin nt$; n ganz bis zu 20) und löst die entstehenden Gleichungen durch geschickte Rechnungen (Varianten der *regula falsi*). Angeregt durch STIFELS Bemerkungen über das Multiplizieren und Dividieren von Gliedern einer geometrischen Reihe durch Addieren und Subtrahieren ihrer Exponenten (1544), die er aus JACOBS *Rechenbuch* (1565) kennt, macht er sich die Grundlagen des Logarithmenrechnens klar und berechnet (um 1600) seine *Progreß-Tabulen* (Druck Prag 1620), eine Antilogarithmentafel. Aus $y = 10^8 \cdot 1{,}0001^x$ (x 4stellig, y 9stellig) findet er durch schrittweise Multiplikation und geschicktes Einschalten, daß $x = 230'270{,}022$ und $y = 10^9$ einander entsprechen. Bei der praktischen Berechnung scheint er — ebenso wie in seiner verlorenen Sinustafel (Vielfache von 2″) — höhere Differenzen benutzt zu haben. Die Grundzahl dieses Systems wäre

$$1{,}0001^{10000} = 2{,}71846 \approx e.$$

BÜRGIS Tafeln erschienen unter ungünstigen äußeren Umständen (8. XI. 1620 Einnahme von Prag) und blieben fast unbekannt. Von größerem Glück ist J. NEPER (1550—1617) begünstigt, der unmittelbar aus EUKLID und ARCHIMEDES schöpft. Wie aus der Tafel (*Descriptio*, Druck 1614) und aus der nachgelassenen *Constructio* (Druck 1619) hervorgeht, kommt

Neper von einer mechanischen Überlegung her, auf die er durch das eigentümliche Fallgesetz des Thomas Bradwardine geführt worden sein mag: Auf einer Geraden schreitet der Punkt $P(x)$ mit konstanter Geschwindigkeit $\frac{dx}{dt} = c$ vorwärts, während sich gleichzeitig ein zugeordneter Punkt $Q(y)$ in der Gegenrichtung mit der von y abhängigen Geschwindigkeit $\frac{dy}{dt} = \frac{y}{b}$ bewegt. Danach wird es klar, daß die Neperschen Logarithmen im Grunde solche mit der Grundzahl $1/e$ sind. In der Durchführung ordnet Neper die Glieder $x_n = n(1 + 0{,}5r)$ einer arithmetischen Reihe den Gliedern $y_n = (1 - r)^n/r$ einer geometrischen Reihe zu ($r = 10^{-7}$). Das hierdurch gekennzeichnete Logarithmensystem hätte nach Reduktion die Grundzahl

$$(1 - r)^{1/r\,(1+0,5\,r)} \approx \frac{1}{e}\left(1 - \frac{1}{3}r^2\right).$$

Nepers Tafel enthält die 7stelligen Logarithmen der nach Minuten fortschreitenden Sinus und Cosinus und die zugehörigen Differenzen (lg tg). Ziel ist die Vereinfachung trigonometrischer Rechnungen. Für numerische Zwecke verwendet Neper 10 gegenseitig verschiebbare Rechenstäbe, auf denen das kleine Einmaleins verzeichnet ist (1617). Dieses von den Zeitgenossen vielgerühmte Hilfsmittel wird von W. Schickhardt (1592—1635) beim Aufbau einer mit Übertragungswerk ausgestatteten Rechenmaschine verwendet, die automatisch addiert und subtrahiert und vermittels drehbarer Zahlenzylinder auch das Multiplizieren und Dividieren ermöglicht. Weniger wirksam ist das Verfahren von K. Schott (1606—1666), der nur drehbare

Zylinder an Stelle der NEPERSCHEN Stäbe setzt (Druck 1668).

NEPERS Tafeln werden von den jüngeren Mathematikern sogleich mit größtem Interesse aufgenommen, jedoch von den Anhängern des prosthaphairetischen Rechnens zunächst ignoriert. B. BEHR (1587 bis 1633 ?) veranstaltet 1618 einen verkürzten Nachdruck und 1624 eine Neuberechnung unter Berichtigung eines erst jetzt festgestellten Rechenfehlers der Vorlage. KEPLER lernt zuerst die Tafel von BEHR (1618), dann jene von NEPER (1614) kennen und vollzieht eine fein durchdachte Nachberechnung (1624 bis 1625), die von seinem Schwiegersohn J. BARTSCH (1600 bis 1633) weitergeführt wird (1630/31). P. CRÜGER (1580—1639) gibt 1634 eine auf KEPLERS *Rudolphinische Tafeln* (1627) abgestimmte Tafel, worin die numerischen Logarithmen von den trigonometrischen abgetrennt sind. In einem wahrscheinlich von OUGHTRED (1574—1660) stammenden Anhang zur 2. englischen Ausgabe der *Descriptio* (1618) wird bereits die Bestimmung des Grenzwertes $\lim\limits_{n\to\infty}\left(1+\frac{1}{n}\right)^n$ vorbereitet und eine kleine Zahl natürlicher Logarithmen mitgeteilt; die ersten 1000 natürlichen Logarithmen gibt J. SPEIDELL (1622).

H. BRIGGS (1561—1630) ist 1596/1619 Inhaber eines der 7 von TH. GRESHAM (1519—1579) gestifteten naturwissenschaftlichen Lehrstühle in London, dann erster Inhaber der von H. SAVILE (1549—1622) gestifteten Oxforder Astronomie-Professur. Er arbeitet die *Descriptio* kritisch durch, schlägt 1615 die vereinfachende Annahme $\log 1 = 0$, $\log 10 = -1$ vor und einigt sich mit NEPER auf die Annahme $\log 1 = 0$, $\log 10 = 1$. Die von ihm neu berechneten Tafeln (1617: 14stellige Logarithmen von 1 bis 1000; 1624: 14stellige Logarithmen von 10'000 bis 20'000 und 90'000 bis 100'000; 1628: 10stellige Logarithmen bis 100'000, ergänzt durch E. DE DECKER und A. VLACQ) werden von E. GUNTER (1620), E. WINGATE (1625), D. HENRION (1626), J. FAULHABER (1630), N. ROE (1633) und vielen andern (meist mit geringfügigen Abänderungen und Verkürzungen) übernommen. GUNTERS Winkeltafeln, worin die Gradeinteilungen wie bisher sexagesimal vorgenommen werden, drängen die von BRIGGS bevorzugte Zentesimalteilung (1633) zurück. In diesem von H. GELLIBRAND (1597—1637) herausgegebenen Werk ist die geschickte Anpassung der trigonometrischen Formeln an das logarithmische Rechnen und die Verwendung höherer Tafeldifferenzen bemerkenswert; in der Rechenpraxis setzen sich die Logarithmen nicht sofort, jedoch nach etwa 2 Generationen vollständig durch. In der Übergangszeit werden trigonometrische Aufgaben sowohl prosthaphairetisch wie durch Logarithmen behandelt, so z. B. von G. L. FROBENIUS (1634).

BÜRGI und NEPER verwenden bei Berechnung ihrer Tafeln etwas umständliche rein rationale Methoden. Zur Bestimmung eines dekadischen Logarithmus schlägt NEPER (vor 1614, Druck 1619) ähnlich wie BUTÉON (1554: Annäherung von $\sqrt[3]{k}$) die Einschaltung von 2^k geometrischen Mitteln zwischen 1 und 10 vor, aus denen er durch schrittweises Quadratwurzelziehen und Multiplizieren immer bessere Näherungswerte für den Logarithmus berechnet. Er bemerkt außerdem, daß aus der Ziffernzahl n von a^{10^p} folgt: $\lg a \approx (n-1):10^p$.

Briggs setzt (1624) bei der praktischen Berechnung die 54 auf 32 Dezimalen bestimmten Zahlen $\sqrt[n]{10}$ $(n = 2^k)$ multiplikativ zum Numerus a (zwischen 1 und 10) zusammen. Außerdem benutzt er die eindeutig ausführbare Zerlegung von a in Faktoren der Form $1 + c_k 10^{-k}$ (c_k ganz, zwischen 1 und 9; $k = 1, 2, 3 \ldots$). Zur näherungsweisen Berechnung iterierter Quadratwurzeln aus $1 + x$ ($|x|$ klein) bedient er sich eines vielgliedrigen Koeffizientenschemas, das er aus dem letzten Glied rational darstellt (Vorwegnahme der Binomialentwicklung für $\sqrt{1 + x}$). Diese Entwicklung treibt er mit $n = 2^{-k}$ so weit, bis $\frac{10^n - 1}{n} \approx \frac{\sqrt{10^n} - 1}{n/2} = M$ wird, findet hieraus für $\sqrt{10^n} < 1 + x < 10^n$ die Beziehung $M = x/\lg(1 + x)$ und daraus $\lg(1 + x)$. Zur Berechnung von $\lg 2$ geht er von $2^{10} = 10^3 \cdot 1{,}024$ aus, für größere Primzahlen von

$$\lg x = \frac{1}{2}\left\{\lg \frac{x^2}{x^2 - 1} + \lg(x + 1) + \lg(x - 1)\right\}.$$

Er interpoliert (1633) unter Annahme konstanter 20. Differenzen. Bei dieser Gelegenheit erfahren wir, daß Th. Harriot (1560—1621) schon 1603 die Fläche eines sphärischen Dreiecks bestimmt hat.

Später entwickelt N. Mercator (1620—1687) im ersten Teil der *Logarithmotechnia* (1688) ein rationales Verfahren zur Logarithmenberechnung, das aus jenem Nepers durch Umbildung hervorgegangen sein könnte. Jetzt wird die Differenzenmethode von Briggs geschickt weitergebildet. Schließlich erscheint die sehr scharfe Näherungsformel

$$\sqrt[n]{\frac{a-x}{a+x}} < \frac{an-x}{an+x} \quad (0 < x < a,\ n > 1),$$

mittels deren sich bei hinreichend kleinem x auch Logarithmen bestimmen lassen.

GUNTER konstruiert um 1620 eine logarithmisch eingeteilte Rechenskala (Schilderung durch WINGATE, 1624). Seit 1622 verwendet OUGHTRED geradlinig und kreisförmig aneinandergleitende Skalen (Druck 1632/33). Die kreisförmige Anordnung wird unzulässigerweise 1630 von OUGHTREDS Schüler R. DELAMAIN als eigene Erfindung ausgegeben. WINGATE (1654) und S. PARTRIDGE (1662) bedienen sich des Rechenschiebers mit eingefügter Zunge. Schon vor 1623 hat W. SCHICKHARDT eine dann durch Brand vernichtete Rechenmaschine verfertigt (vgl. S. 169), deren Konstruktion aus den an KEPLER gegangenen Mitteilungen hervorgeht. Um 1640 soll J. CIERMANS (1602—1648) eine Rechenmaschine konstruiert haben; die erste in weiteren Kreisen bekanntgewordene Additions- und Subtraktionsmaschine (1641) stammt von BL. PASCAL (1623—1662). Die Staffelwalzenmaschine (1671, erstes gangfähiges Modell 1674, Schilderung 1694), für alle 4 Grundrechnungsarten in gleicher Weise automatisch verwendbar, ist eine Erfindung von G. W. LEIBNIZ (1646—1716). Sie ist dem Gerät von S. MORLAND (1673), das aus einer Kombination der NEPERSCHEN Rechenstäbe mit den GUNTERSCHEN Skalen besteht, weit überlegen.

Trigonometrie

A. v. Braunmühl: *Vorlesungen über Geschichte der Trigonometrie*, Leipzig 1900/03.
M. Bressieu (1576?–1608): 1581.
Th. Fink (1561–1656): 1583.
Chr. Clavius (1537–1612): 1586.
Ph. van Lansberge (1561–1632): 1591.
A. Metius (1571–1635): 1591.
G. A. Magini (1555–1617): 1592, 1604.
A. Scultetus (1566–1625): 1595.

B. Pitiscus (1561–1613): 1600, 1613.
N. Torporley (1563?–1632): 1602.
A. van Roomen (1561–1615): 1606, 1609.
P. Crüger (1580–1639): 1612.
J. Speidell: 1627.
M. Coignet (1549–1623): (1619) 1901.
A. Girard (1595–1632): 1626.
W. Snell (1580–1626): 1627.
R. Norwood (1590?–1675): 1631.
G. L. Frobenius (1566–1645): 1634.
J. Tonski: 1640.
B. Cavalieri (1598?–1647): 1632, 1639, 1643.
S. Ward (1617–1689): 1654.
W. Oughtred (1574–1660): (vor 1630) 1657.

Prosthaphairese

H. G. Herwarth v. Hohenburg (1553–1622): 1610.
J. Christmann (1554–1630): 1611.
M. Jöstel: 1619.
E. Porto: 1636.
Chr. S. Longberg (1562–1647): 1640.

Tafeln

G. J. Rhaeticus (1514–1576): 1551, (1569) 1596.
M. Bernegger (1582–1640): 1612.
Fr. van Schooten d. Ä. (1581 bis 1646): 1627.

Magische Quadrate

W. S. Andrews: *Magic squares*, Chicago 1907.
S. Günther: *Vermischte Untersuchungen zur Geschichte der mathematischen Wissenschaften*, Leipzig 1876.
H. Hermelink: 1958/59.
Sch. Cammann: 1962.
T̲âbit ibn Qurra (826–901).
al-Bûni († 1225).
M. Moschopulos (um 1300).
N. Rhabdas (um 1340).
Nârâyaṇa (14. Jh.).
Behâ ed-dîn (1547–1622).
L. Pacioli (1445–1514): (um 1500).
C. H. Agrippa v. Nettesheim (1486 bis 1535): 1510, 1533.
A. Dürer (1471–1528): *Melencolia* 1514.
M. Stifel (1487?–1567): 1544.

Unterhaltungsmathematik

L. Pacioli (1445–1514): (um 1500).
N. Tartaglia (1500?–1557): 1546, 1556.
G. Cardano (1501–1576): 1550.
J. Leurechon (1591?–1670): 1624.
Cl. Mydorge (1585–1647): 1630.
M. Mersenne (1588–1648): 1634.
D. Schwenter (1585–1636): 1636.

Rechnen

S. Kurz (1576–1659): 1600.
J. H. Beyer (1563–1625): 1603.
P. A. Cataldi (1548–1626): 1602/17.
L. Forestani: 1603.
K. Waser: 1603.
W. Bartjens: 1609.
G. Henisch (1549–1618): 1609.
J. H. Alsted (1588–1638): 1611.
J. R. v. Graffenried: 1618.
P. Paz: 1623.
J. van Sesen: 1622.
E. Wingate (1593–1656): 1630.
G. Bassi: 1645.
Fr. Le Gendre († um 1675): 1646, 1657.
Ath. Reaton: 1649.
J. Moore (1617–1679): 1650.

Algebra

J. Scheybl (1494–1580): (1550) 1915.
A. van Roomen (1561–1615): (1598/99).
N. Rymers († 1599): 1601.
J. Faulhaber (1580–1635): 1604 u. ö.
P. A. Cataldi (1548–1626): 1610, 1622.
M. Ghetaldi (1566–1627): 1630.
Th. Harriot (1560–1621): (1610) 1631.
W. Oughtred (1574–1660): 1631, 1647.
C. Renaldini (1615–1698): 1644 u. ö.

Perspektive

G. Fano: *Lezioni della geometria descrittiva*, Turin 1937.
G. Loria: *Storia della geometria descrittiva*, Mailand 1921.
J. J. Obenrauch: *Geschichte der darstellenden und projektiven Geometrie*, Brünn 1897.
N. G. Poudra: *Histoire de la perspective ancienne et moderne*, Paris 1864.
G. A. M. Richter: *Perspective ancient, medieval and renaissance*, Rom 1937.
I. Schlosser-Magnino: *Letteratura artistica*, Florenz 1935.
Deutsche Perspective: 1531.
A. Hirschvogel († 1560?): 1543.
F. Commandino (1509–1575): Anhang zu Ptolemaios, *Planisphaerium*, 1558.
D. Barbaro (1513–1570): 1559.
J. Cousin: 1560.
W. Jamnitzer (1508–1586): 1568.
H. Lencker: 1571.
G. B. Benedetti (1530–1590): 1585.
G. del Monte (1545–1607): 1600.
J. Perret: 1602.
J. Vr. de Vries (1527–1606?): 1604.
S. Stevin (1548–1620): 1605/08, 1634.
Fr. D'Aiguillon (1566–1617): 1613.
S. Marolois (1570? – nach 1627): 1614.
L. Bruns: 1615.
H. Hond: 1622.
P. Accolti: 1625.
B. Bramer (1588–1650?): 1630.
J. L. de Vaulezard: 1630, 1631.
G. Desargues (1591–1661): 1636, 1643.
J. Fr. Nicéron (1613–1646): 1638.
J. du Breuil (1602–1670): 1642.
J. Alleaume (1562-1627): 1628, 1643.
J. Curabelle: 1644.
A. Bosse (1611–1678): 1648, 1653, 1656, 1665.

Geometrie

J. Peletier (1517–1582): 1573.
P. Ryff (1552–1629): 1600.
G. Porta (1538–1615): 1601.
J. H. Beyer (1563–1625): 1603, 1619, 1620.
Chr. Clavius (1537–1612): 1604.
M. Ghetaldi (1566–1627): 1607.
G. Cataneo: 1608.
A. Metius (1571–1635): 1611, 1623, 1625, 1626, 1633.
S. Marolois (1570? – nach 1627): 1616.
J. Blum: 1617.
S. Kurz (1576–1659): 1617.
D. Schwenter (1585–1636): 1618/27.
E. Welper: 1620.
J. Ardüser (1584–1665): 1627.
J. Jungius (1587–1657): 1627.
W. v. Calchus: 1629.
P. Aurineto: 1637.
P. Bourdin (1595–1653): 1639.
W. Weland (1614–1641): 1640.
M. Gloskowski; 1643.
M. Pasor; 1643.
R. White (* 1590?): 1648.

3. Auf dem Wege zu neuen Einsichten (1550—1650)

Die unter dem Einfluß des humanistischen Bildungsideals sich wandelnde Auffassung vom Wesen und von der Aufgabe der Erziehung führt zunächst zu besonderer Pflege der alten Sprachen und findet in dem Brief *De formandis studiis* des R. AGRICOLA (1443 bis 1485), in der Schrift *De ratione studii* (1512) des D. ERASMUS (1467—1536) und in der Antrittsvorlesung *De corrigendis adolescentiae studiis* (1518) des PH. MELANCHTHON (1497—1565) ihren Niederschlag. MELANCHTHON, der sich 1520/22 der antiperipatetischen Richtung LUTHERS (1483—1546) angeschlossen hatte, kehrt seit 1527 zur ARISTOTELISCHEN Dialektik zurück und wird das Schulhaupt der PHILIPPISTEN, in deren Kreis auch mathematische Gegenstände mit großem Interesse behandelt werden; genannt seien z. B. die Mathematikerausgaben des J. CAMERARIUS (1500 bis 1574).

Die durch J. LEFÈBRE D'ÉTAPLES (1455 ?—1536) ins Leben gerufene französische Humanistenschule wendet sich völlig von ARISTOTELES ab. Zu ihr gehört J. STURM (1507—1589), der Gründer des protestantischen Straßburger Gymnasiums (1538), das 1567 zu einer Akademie mit Promotionsrecht in der philosophischen Fakultät ausgebaut wurde. Für den mathematischen Unterricht in den oberen Klassen sind die von C. DASYPODIUS (1530 ?—1600) besorgten lateinischen Textausgaben des EUKLID (1566) und der Erläuterungen des BERNHARD Barlaam (1564, 1572), eine allgemeine *Mathematische Einführung* (1567/1596) und zwei griechisch-lateinische *Lexica mathematischer Fachausdrücke* (1571, 1573) bestimmt.

Ein Hörer STURMS während der Pariser Jahre (1529 bis 1536), der leidenschaftliche P. DE LA RAMÉE (1515 bis 1572), bezeichnet bei der Magisterpromotion (1536) die ARISTOTELISCHE Logik als reine Disputierkunst und entwickelt 1543 die vielumstrittene *Logik* „auf natürlicher Grundlage". Er ist an mathematischen Gegenständen sehr interessiert und Verfasser einer lateinischen EUKLID-Ausgabe (1545), eines *Rechenbuchs* (1555) und einer posthumen *Geometrie* (1577). In den *Scholae mathematicae* (1569), deren Einleitung eine stark vom PROKLOS-*Kommentar* zu EUKLID (griechisch 1533, lateinisch 1560) beeinflußte geschichtliche Übersicht enthält, übt RAMÉE eine im ganzen zu weitgehende, jedoch in manchen Einzelheiten durchaus berechtigte Kritik an der EUKLIDISCHEN Methode. Sein Schüler J. TH. FREIGE (1543—1583) führt einiges näher aus (1583); die angestrebte Vereinfachung gelingt jedoch nur unter Verzicht auf die EUKLIDISCHE Strenge und auf jede etwas schwierigere Fragestellung. Ähnlich geht auch der eifrige Lutheraner CHR. SCHEIBLER (1589—1653) vor (1617).

Die Führung auf pädagogischem Gebiet fällt jedoch im Frühbarock nicht den RAMISTEN, sondern den JESUITEN zu. Der 1534 von I. VON LOYOLA (1491 bis 1556) ins Leben gerufene Orden errichtet 1551 das *Collegium Romanum*, 1552 das *Collegium Germanicum*, 1556 das Ingolstädter Kolleg und übernimmt 1563/64 die 1549 gegründete Universität Dillingen. Im Kreise der Jesuiten finden die mathematischen Disziplinen liebevolle Pflege; allerdings steht nicht die theoretische Durchbildung im Vordergrund, sondern das praktisch anwendbare Wissen. Dem Geist der Zeit entsprechend, sind die Lehrbücher (ebenso wie jene für die protestantisch orientierten Schulen) in erster Linie enzyklopädisch aufgebaut. Wer sein Wissen vertiefen will, hat Gelegenheit, sich aus zahlreichen für ihre Zeit vortrefflichen Klassikerausgaben nebst zugehörigen Kommentaren und Ergänzungen zu unterrichten. Besonders beliebt ist die handbuchartig ausgestaltete EUKLID-Ausgabe (1574 und sehr oft) des CHR. CLAVIUS (1537—1612), der 1555 in den Orden eingetreten war, seine mathematischen Studien in Coimbra bei NUÑEZ gemacht hatte und bald darauf ans *Collegium Germanicum* berufen wurde. Die mit hervorragendem Lehrgeschick aufgebauten Vorlesungen und Schriften des gefeierten Lehrers bieten zahlreichen hochbegabten und außerordentlich interessierten Schülern das Rüstzeug zur Entdeckung neuer Einzelheiten auf dem Gebiet der Infinitesimalmathematik.

Die philosophischen Kurse an den Jesuitenschulen sind neuscholastisch orientiert; hier werden übrigens auch die pädagogischen Ansichten des Spaniers J. L. VIVES (1492—1540) mitverwertet. Hingegen sind die Jesuiten entschiedene Gegner der RAMISTISCHEN Auffassung und wenden sich immer schroffer gegen die antischolastischen Lehren der italienischen Naturforscher, wie B. TELESIO (1508—1588) und G. GALILEI (1564—1642). Von den stärker den realistischen Fächern zuneigenden Ansichten des W. RATKE (1571 bis 1635) und des J. A. COMENIUS (1592—1670) nehmen sie verhältnismäßig nur geringe Notiz.

Die naturwissenschaftlichen Interessen der Jesuiten gehören sehr stark der Mechanik. Sie studieren vor allem die von COMMANDINO besorgten Ausgaben des ARCHIMEDES (1558), des HERON (1575) und des PAPPOS (1588), dann die *Schwerpunktabhandlung* COMMANDINOS (1565), die auf HERON gestützte *Mechanik* von MONTE

(1577, besondere Hervorhebung des Drehmoments) und die etwas tiefergehenden Untersuchungen BENEDETTIS (1585: der schwere Körper fällt ohne Widerstand nicht rascher als der leichte; geradlinige Tangentialbewegung). Bei L. VALERIO (1552—1618) finden sie in der *Schwerpunktabhandlung* (1604) den Inhalt der Kugelschicht $\int_0^x y^2 \pi \, dx = r^2\pi \cdot x - \frac{x^2 \pi \cdot x}{3}$ (mit $y^2 = r^2 - x^2$) vermöge des kegelförmig ausgebohrten Zylinders, den Inhalt und Schwerpunkt des Drehellipsoids und des zweischaligen Drehhyperboloids $\int_0^x y^2\pi \, dx$ vermöge $y^2 = 2px \pm kx^2$, und in der *Parabelquadratur* (1606) die schichtweise Schwerpunktgleichheit der Halbkugel $\int_0^r y^2\pi \, dx$ mit der vermöge $y^2 = r^2 - x^2 = rt$ zugeordneten Parabelfläche $\int_0^r t \, dx$. In der Dynamik vertreten sie (im Gegensatz zu ARISTOTELES) die spätscholastische Impetustheorie (der im widerstehenden Mittel geworfene Körper wird durch eine dem Körper mitgegebene, sich langsam verzehrende Kraft in Bewegung gehalten) und kennen die für ihre Zeit abschließende Darstellung bei D. SOTO (1551), wonach der freie Fall als eine gleichförmig beschleunigte Bewegung anzusehen ist.

Mit dem Auftreten von G. B. BENEDETTI (1530 bis 1590) und G. GALILEI (1564—1642), die beide ebenfalls von der Impetustheorie herkommen, jedoch den Gegensatz zu ARISTOTELES besonders scharf herausstellen, setzt eine heftige Diskussion ein, die sich zunächst weniger auf die Ergebnisse als auf die Forschungsmethode bezieht. Die nunmehr aufkommende

Richtung bezweifelt die Verbindlichkeit der bisher allgemein zugrunde gelegten ontologischen Auffassung und will vom *Experiment* her zu einer quantitativen Beschreibung der physikalischen Vorgänge kommen. Die Versuche über die Pendelbewegung, den freien Fall, den Wurf und die Bewegung auf der schiefen Ebene (Pisa 1589/92, Padua 1592/1600) führen GALILEI zum Beharrungssatz, zur graphischen Herleitung der Weg-Zeit-Kurve beim freien Fall aus dem Geschwindigkeit-Zeit-Diagramm und zu begrifflichen Vorstellungen, die einem Sonderfall des Satzes von der Erhaltung der Energie nahekommen. Eine kurzgefaßte *Mechanik* (nach 1604) erscheint 1635 (französisch), die auf mathematischer Grundlage durchgeführte ausführlichere Darstellung (*Discorsi*) 1638. Die vom Geist des „*divus*" ARCHIMEDES erfüllten *Schwerpunktstudien* (1585) werden im Hinblick auf die weitergehenden Ergebnisse VALERIOS zurückgehalten und sind erst aus dem Nachlaß bekanntgeworden. GALILEI ist zeitlebens an der Ausbildung der Infinitesimalmethoden brennend interessiert und spornt seinen Schüler CAVALIERI, den Verfasser der großen *Indivisibeln-Geometrie*, immer wieder zur Fortsetzung der anstrengenden Untersuchungen an (1621/29).

Von ganz andern Gesichtspunkten wird J. KEPLER (1571—1630), der begeisterte Nacheiferer der NEUPLATONIKER PAPPOS und PROKLOS, bei seinen mathematischen Arbeiten geleitet. In der tiefsinnigen *Weltharmonik* (1619) setzt er sich eingehend mit dem schwierigen X. Buch der EUKLIDISCHEN *Elemente* auseinander und weist RAMÉES Kritik (1569) zurück. Anschließend folgen Beiträge zur Theorie der regelmäßigen, halbregelmäßigen und sternförmigen Körper einschließlich der die Ebene lückenlos erfüllenden

Vielecknetze, zur musikalischen Intervallenlehre, zur Astrologie und Astronomie (3. KEPLERSCHES Gesetz). In der *Neuen Astronomie* (1609) wird der Flächensatz und die elliptische Planetenbewegung empirisch gefunden; dabei verwendet KEPLER die Brennpunktgleichung $r = a + e \cos u$ (u exzentrische Anomalie, bestimmt aus $\operatorname{tg} \varphi = \frac{b \sin u}{e + a \cos u}$) und gelangt auf Grund infinitesimalgeometrischer Überlegungen, denen nur mehr die strenge Form der Grenzwertbetrachtung mangelt, zu

$$ct = \int_0^{\varphi} r^2 d\varphi = \int_0^{u} b\,(a + e \cos u)\, du = b\,(au + e \sin u).$$

Er kennt also im Grunde die Parameterdarstellung der Ellipse, an die er schon in den Bemerkungen zur *Optik* WITELOS (1604: IX, 16) nahe herangekommen war (völlig ausgeführt erst bei MYDORGE, 1631), und die Beziehung $r d\varphi = b du$. Das nach ihm benannte transzendente Problem, u aus gegebenem t zu bestimmen, sollte im Spätbarock (WREN 1658, GREGORY 1668, 1670, NEWTON 1676) große Bedeutung erlangen.

Die *Doliometrie* (1615) und ihre deutsche Ergänzung (1616) sind die ersten fachwissenschaftlichen Beiträge zur Visierkunst. KEPLER schreibt für Praktiker und verwendet demgemäß „leichtverständliche" Faustregeln, die er auf Grund von Analogieschlüssen und summarischen Infinitesimalbetrachtungen plausibel macht, ohne zu strengen Beweisen vorzudringen. Dieses Vorgehen wird sogleich von A. ANDERSON (1582 bis 1620 ?) zurückgewiesen (1616). Die auf bisher kaum betretenem Gebiet liegenden und zum Teil richtigen, zumeist wenigstens näherungsweise wertvollen Ergebnisse KEPLERS (Inhalt der Drehkörper von Kegelschnittsegmenten, schwierigere Extremwertbetrachtungen im Anschluß an PAPPOS VII, 41) werden in Italien, Frankreich und England diskutiert; einiges wird von BRIGGS durch direkte numerische Rechnung bestätigt (1625). Bedeutungsvoll ist die Vorwegnahme des sog. GULDINSCHEN Satzes und die Verwendung krummliniger Indivisibeln (stereometrisch umschriebene Integralsubstitution) bei KEPLER.

Nicht unbeeinflußt von KEPLERS Ergebnissen ist der Jesuat B. CAVALIERI (1598 ?—1647), der danach trachtet, die ihm bekanntgewordenen antiken und scholastischen Infinitesimalmethoden mit den neuen Auffassungen der GALILEI-Schule zu vereinigen (Drucke seit 1635).

Indem er z. B. eine Fläche aus der Gesamtheit der in ihr vorhandenen parallelen Geraden bestimmter Richtung „bestehen" läßt, kann er „schnittgleiche" Flächen zwischen Parallelen als gleich erkennen und entsprechend im Raum vorgehen (sog. CAVALIERISCHES Prinzip). Auch er verwendet neben geradlinigen Indivisibeln krummlinige, z. B. bei Flächenbestimmungen an der ARCHIMEDISCHEN Spirale, die er vermittels $x = r$, $y = r\varphi$ als Bild der Parabel $ay = x^2$ erklärt. Viele seiner Einzelergebnisse erweitert er — allerdings in schwerfälliger geometrischer Verkleidung — auch unter etwas modifizierter Anwendung der ARCHIMEDISCHEN Schlußweise.

Im ganzen gesehen, ist seine Beweistechnik noch unvollkommen. Sein schönstes Einzelergebnis ist die Flächenbestimmung an höheren Parabeln in der Form $\int_0^a x^n dx = a^{n+1}/(n+1)$ (1639); der zugehörige Beweis wird 1647 für n bis 9 vermittels

$$\int_0^a x^n dx = \frac{1}{2}\int_0^a \left\{\left(\frac{a-x}{2}\right)^n + \left(\frac{a+x}{2}\right)^n\right\} dx$$

angedeutet. CAVALIERI kennt den allgemeinen Ansatz zur Bestimmung von Schwerpunktkoordinaten und zieht an Flächen auch inhomogene Massenbelegung in Betracht. Er gibt 1632 die moderne Inhaltsbestimmung des sphärischen Dreiecks, 1639 die trigonometrische Behandlung quadratischer Gleichungen und die Additionslogarithmen und veröffentlicht in der *Brennspiegel-Abhandlung* 1632 ohne vorhergehendes Einverständnis GALILEIS die parabolische Wurfbahn, was zu vorübergehender Trübung des herzlichen Einvernehmens zwischen beiden führt.

Unabhängig von CAVALIERI entwickelt der Jesuit GREGORIUS A S. VINCENTIO (1584—1667), der mathematisch begabteste Schüler von CLAVIUS, im Anschluß an ARCHIMEDES den sog. *ductus plani in planum.* Es handelt sich um die stereometrische Bestimmung von $\int_a^b yz\,dx$, wobei y und z die Ordinaten von Kegelschnitten sind. Das summarische, jedoch hinreichend deutliche Beweisverfahren wird von ihm in trefflicher Übereinstimmung mit dem geometrischen Sachverhalt als *Exhaustion* bezeichnet; später erscheint dieses Fachwort auch für die indirekte ARCHIMEDISCHE Methode, die besser anders benannt würde. Auch GREGORIUS läßt die ARCHIMEDISCHE Spirale aus der Parabel durch Einführung krummliniger Koordinaten hervorgehen. Wir verdanken ihm ferner die Summierung der unendlichen geometrischen Reihe auf Grund der Proportionalität der Differenzenreihe zur ursprünglichen, die

Quadratur der „virtuellen" Parabeln $y = \sqrt{ax+b} + \sqrt{cx+d}$, die Kubatur des schräg abgeschnittenen Zylinders über einem Kreis oder einer Parabel als Querschnitt und die Teilung der Hyperbelfläche $\int_a^b c^2 dx/x$ in n gleiche Teile durch Zwischenschalten von $n-1$ Ordinaten zwischen $y_0 = c^2/a$ und $y_n = c^2/b$ in geometrischer Reihe. Wegen deutlich kundgegebener Zuneigung zum COPPERNICANISCHEN Weltsystem gilt GREGORIUS als suspekt und muß seinen Aufenthaltsort häufig wechseln. Sein *Opus geometricum* ist 1622/25 in Löwen entstanden, wurde während eines Aufenthalts in Rom zusammen mit CHR. GRIENBERGER (1561 bis 1636), dem unbedeutenden Nachfolger von CLAVIUS, kritisch durchgearbeitet und war 1629 fast druckfertig, als GREGORIUS in Prag einen Schlaganfall erlitt. Bei der Einnahme der Stadt durch die Schweden konnte sich der Kränkelnde mit knapper Not unter Zurücklassung seiner Papiere retten; 1641 erhielt er das Manuskript in Gent wieder, ist aber an der wenig befriedigenden Schlußredaktion aus der Feder seiner eifrigen Zuhörer kaum beteiligt. Die verspätete Ausgabe (1647) nahm dem damals methodisch bereits überholten Werk den Erfolg; sehr nachteilig war die Aufnahme einer verfehlten Kreisquadratur aus der frühesten Arbeitsperiode des GREGORIUS, die auf irrtümlichem Gleichsetzen von $\int_0^a \sqrt{a+x} \cdot \sqrt{a-x}\,dx$ mit $\int_0^a \sqrt{a+x}\,dx \cdot \int_0^a \sqrt{a-x}\,dx$ beruht. Dieses Versehen war nur infolge der rein verbalen und schwer durchschaubaren Darstellungsweise entstanden; es kostete den Verfasser in den Augen der Zeitgenossen das wissenschaftliche Ansehen und wurde 1651 von HUYGENS, 1654 von V. LÉOTAUD (1595—1672), einem Ordensgenossen des GREGORIUS, genau festgestellt. Damit waren die vergeblichen Rettungsversuche aus dem Schülerkreis des GREGORIUS endgültig abgetan, unter denen nur jener des A. A. DE SARASA (1618—1667) von Bedeutung ist. Hier wird nämlich gesagt, daß die Hyperbelfläche $\int_a^b c^2 dx/x$ proportional zu $\log b/a$ ist.

CH. DE LA FAILLE (1597—1652), einer der frühesten Schüler des GREGORIUS, bildet dessen verlorene Schwerpunktmethoden weiter aus. Wir verdanken ihm eine vor 1628 abgeschlossene Untersuchung über den Schwerpunkt $(\xi, 0)$ des Kreissektors $\int_{-\varphi}^{+\varphi} \frac{a^2 d\varphi}{2}$ auf rein mechanischer Grundlage. Infinitesimal läßt sich ihr Hauptgedanke in Drehmomenten so ausdrücken:

$$\xi \cdot a^2\varphi + \frac{2a\cos\varphi}{3} \cdot a^2 \Delta\varphi \approx (\xi + \Delta\xi) \cdot a^2(\varphi + \Delta\varphi) \approx$$
$$\approx \xi \cdot a^2\varphi + a^2 \cdot \Delta(\xi\varphi).$$

Durch affine Transformation folgt hieraus der Schwerpunkt des allgemeinen Ellipsensektors und durch Auseinandernehmen der Schwerpunkt des Ellipsensegments. Anschließend zeigt LA FAILLE, daß die Schwerpunktbestimmung und die Quadratur des Ellipsensegments äquivalente Probleme sind.

VALERIO und LA FAILLE sind die Vorbilder, an denen sich P. GULDIN (1577—1643), ein Mitschüler des GREGORIUS, orientiert. Er beurteilt KEPLERS und CAVALIERIS Methoden und Ergebnisse abfällig; 1640 weist er auf Sonderfälle des nach ihm benannten Theorems hin. Daß dieser Satz schon bei PAPPOS steht, ist erst in der von C. MANOLESSE besorgten Revision (1660) der von COMMANDINO (1588) herausgegebenen *Collectiones* bemerkt worden. GULDIN verbessert die Methode LA FAILLES, indem er zuerst den Schwerpunkt des Kreisbogens, dann den des Kreissektors bestimmt. Er versagt jedoch bei der Rektifikation der ARCHIMEDISCHEN Spirale und bei der Schwerpunktbestimmung der Oberfläche eines Drehkörpers, da er versehentlich bei Anwendung eines schrägliegenden kleinen Pfeils nur die eine Komponente heranzieht.

Eine schöpferische Persönlichkeit ist auch A. DE LALOVERA (1600—1664), dessen Studie über die Quadratur der Kegelschnittsegmente (1651) auf mechanischer Grundlage steht und im Gedanklichen (nicht in der Ausführung) mit einer gleichzeitigen Schrift von HUYGENS zum nämlichen Gegenstand verwandt ist. Beide benutzen die Schwerpunktbestimmung auf Grund von $\xi \int_0^x y\,dx = \int_0^x x\,y\,dx$, wobei $y^2 = 2px \pm px^2/t$ gesetzt wird. Typisch für LALOVERAS rein geometrische Auffassung ist der Übergang zu einer „Quadratrix" $az = xy$, mittels deren sich die Bestimmung des Drehmoments begrifflich auf eine reine Quadratur zurückführen läßt. Besondere Beachtung verdient eine räumliche Überlegung, die ihn zur Konstruktion und Inhaltsbestimmung des bis dahin unbekannten einschaligen Drehhyperboloids führt. Schließlich müssen wir A. TACQUET (1612—1660), einen indirekten Schüler des GREGORIUS, mit einer fleißigen Studie erwähnen, die vorzugsweise von der Kubatur der Kreiswulste handelt (1651, 1659).

In allen diesen Arbeiten erweisen sich die Jesuiten als vorzügliche Kenner der antiken Mathematiker, von denen sie Anregung und methodisches Rüstzeug entnehmen. Es fehlt ihnen jedoch die Kraft zu einer einheitlichen Systematik; sie verlieren sich in schlecht übersehbare Einzelheiten, die ohne ausreichende innere Verbindung nebeneinander gestellt werden. In dem Streben nach Reinheit der geometrischen Methode gehen sie an der Buchstabenalgebra vorüber und erschöpfen sich in Subtilitäten. Deshalb bleibt die wohlverdiente Anerkennung für ihre Einzelergebnisse aus; kennzeichnend für die moderne Entwicklung ist das Streben nach Klarheit, Kürze, Übersichtlichkeit und System.

Ein ähnliches Schicksal trifft die Jesuiten auch hinsichtlich des zweiten Hauptthemas, das sich das beginnende 17. Jahrh. in der Geometrie stellt, nämlich des Studiums der Kegelschnitte. Die entscheidende Anregung kommt von APOLLONIOS, der in COMMANDINOS Ausgabe (1566) studiert wird. Schon MONTE (1579) gibt die in Vergessenheit geratene Papierstreifenkonstruktion der Ellipse wieder (erstmals bei PROKLOS, EUKLID-Kommentar). Er benutzt auch die Fadenkonstruktion des ANTHEMIOS von Tralleis. CHR. SCHEINERS Kegelschnittzirkel von 1614 (Zirkel mit festem Winkel am Griff, einem schräg festgehaltenen und einem verstellbaren Schenkel) ist praktisch unbrauchbar; hingegen lassen sich die Mechanismen von BRAMER (1634), SCHOOTEN (1646) und CHR. OTTER (1598—1660, nachgelassene Instrumente) sehr wohl zum Zeichnen von Kegelschnitten und anderen Kurven verwenden. Besonderes Interesse an den Kegelschnitten zeigt KEPLER, dem wir z. B. die erste zeichnerische Darstellung der Systeme $y^2 = 2px + \lambda x^2$ (1609, 1615) und $y^2 = b^2 + 2px + \lambda x^2$ (1615) verdanken. Eine sehr inhaltsreiche, jedoch schlechtgegliederte Sammlung von Kegelschnittsätzen ist im *Opus geometricum* des GREGORIUS (1622/29, Druck 1647) enthalten, worin z. B. zahlreiche projektive Eigenschaften auf Grund metrischer Überlegungen bewiesen werden. Weniger umfassend und stärker von APOLLONIOS abhängig ist die zum Teil sehr elegante Kegelschnittlehre des CL. MYDORGE (1585—1647), von der nur die ersten 4 Bücher gedruckt sind; von den übrigen kennt man nur die Titel (aus MERSENNES *Synopsis*, 1644). Eine noch ungedruckte Sammlung von mehr als 1000 Aufgaben aus dem Nachlaß MYDORGES, von denen einige auch mit Kegelschnitten zu tun haben, ist bisher nur im Auszug bekannt (1881, 1883).

Von der weltweiten wissenschaftlichen Tätigkeit der Jesuiten legt insbesondere die China-Mission beredtes Zeugnis ab. Ausgangspunkt ist für längere Zeit die 1577 gegründete portugiesische Niederlassung Macao, in der M. RICCI 1582 eintrifft. Er wird auf Grund richtiger Voraussagen über Sonnenfinsternisse, wozu die einheimischen Gelehrten nicht imstande waren, 1601 an den Pekinger Hof zugelassen und gewinnt die Gunst des Kaisers SCHEN-TSUNG (1573—1619). Zusammen mit den Mandarinen HSÜ KUANG-CHING und LI CHI TSAO veranstaltet er eine chinesische Ausgabe des EUKLID, *Elemente* I/VI nach CLAVIUS (1603/07). Noch größeren Einfluß gewinnt J. A. SCHALL (seit 1620 in China), der 1630 mit der Kalenderreform betraut wird und zum Direktor des kaiserlichen Observatoriums in Peking aufsteigt. Sein Mitarbeiter J. N. SMOGOLENSKI bringt die Logarithmen nach China; seine Nachfolger, die bei SCHENG-TSU (1662--1722) hoch angesehenen Patres F. VERBIEST (seit 1659), A. THOMAS (seit 1685),

J. Fr. Gerbillon (seit 1687) und P. Jartoux (seit 1700) erreichen durch unermüdliche Arbeit in Schrift und Lehre, daß sich die tüchtigsten einheimischen Gelehrten von der alten Tradition loslösen und sich die mathematisch-naturwissenschaftlichen Auffassungen des Abendlandes zu eigen machen. Ihre Arbeiten sind vom Geist Euklids und der Cossisten erfüllt, bleiben jedoch ohne Nachwirkung, weil die China-Mission in der Ritenfrage von Papst Clemens XI. (1715) desavouiert wird und ihre Tätigkeit einstellen muß, so daß die lebhafte geistige Wechselbeziehung zwischen Europa und dem Fernen Osten wieder verlorengeht.

Das Frühbarock bringt auf allen damals behandelten Sondergebieten der Mathematik beachtliche Fortschritte, soweit es sich um praktisch verwendbare Ansätze und Methoden handelt, und eine sehr weitgehende Hebung des allgemeinen Ausbildungsniveaus; es fehlt jedoch noch das Wichtigste, nämlich das einheitliche System, das die gewonnenen Einzelheiten an die richtige Stelle setzt, und das strenge und allgemeingültige Beweisverfahren. Führende Persönlichkeiten sind sich dieser Mängel wohl bewußt. Schon Agrippa von Nettesheim vertritt (1527) den wissenschaftlichen Skeptizismus. Es liegt durchaus im Sinne dieser Auffassung, daß nunmehr Schriften des Sextos Empirikos zur Edition gelangen (1562, 1621). Die von den nämlichen Gedanken getragenen *Essais* (seit 1580) des M. Montaigne (1533–1592) sind in einer Epoche voll von überschäumender und nur mühsam gebändigter geistiger Kraft geschrieben. Demgemäß sind sie nicht auf freiwilliges Sichfügen in die göttliche Ordnung abgestimmt, die sich vor allem in der von menschlicher Willkür unabhängigen Gesetzmäßigkeit der Natur und der natürlichen Vorgänge erkennen läßt. Dies ist der schöpferische Ansatzpunkt, aus dem sich im Hochbarock (DESCARTES) neue Möglichkeiten entwickeln. Von ebenso großer Wirkung ist FR. BACON (1561–1626), der ein für die nächste Generation faszinierendes naturwissenschaftliches Zukunftsprogramm entwickelt. Diese Wirkung ist unabhängig von der Tatsache, daß BACON die entscheidenden Fortschritte der Zeitgenossen auf naturwissenschaftlichem Gebiet (COPPERNICUS, GALILEI, KEPLER) nicht richtig einzuschätzen weiß und in seinen eigenen Arbeiten über sehr dilettantische Ansätze nicht hinauskommt. BACON gehört seiner Auffassung nach noch zum Frühbarock, seinem Wunschziel nach bereits zum Hochbarock, in das er als Herold hinüberweist.

Mathematische Enzyklopädien

J. H. Alsted (1588–1638): 1620.
P. Hérigone: 1634/37.
H. Semple S. J. (1594–1654): 1635.
J. Ciermans S. J. (1602–1648): 1640.
M. Mersenne (1588–1648): 1644.
J. J. Heinlin (1588–1660): 1653.
A. Tacquet S. J. (1612–1660): 1654, 1656, 1669.
A. Trew: 1657.
K. Schott S. J. (1606–1666): 1661.
C. G. Guarini (1624–1683): 1671.
Cl. Fr. M. Dechales S. J. (1621 bis 1678): 1674.

Ausgaben

Euklid, Elemente

Griechisch-lateinisch

J. Camerarius (1500–1574): 1549 ohne Beweise, diese erst in der Neuausgabe v. M. Steinmetz: 1577.
J. Scheybl (1494–1580): I/VI 1550.
C. Dasypodius (1530?–1600): 1564 u. ö.
J. Sthen: VII 1564 als Dialog.

Deutsch

J. Scheybl (1494–1580): VII/IX 1555.
W. Holtzmann (Xylander) (1532 bis 1576): I/VI 1562; niederl. v. J. P. Dou: 1606.
S. Marius (1570–1624): I/VI 1610.
H. Hoffmann: 1651.
S. Reyher: I/VI 1697.

Italienisch

P. A. Cataldi (1548–1626): 1613 bis 1625.

Englisch

H. Billingsley: 1570.

Spanisch

R. Zamorano: I/VI 1576.

Französisch

P. Forcadel (1520–157):6 I/V + VIII/IX 1564/66.
D. Henrion († 1640): 1615.

Euklid, andere Schriften

Cl. Hardy (1600–1678): *Data* 1625.

J. de la Pène (1528–1558): *Optik u. Musik* 1557.

Verteidigung Euklids gegen Ramée: J. Brozek (1585–1652): 1652.

Vorlesungen über Euklid: H. Savile (1549–1622): 1621.

Archimedes

P. Duhamel († 1565): *Kommentar zur Sandzahl*, 1557.

A. van Roomen (1561–1615): *Kreismessung*, lat. mit Erläuterungen, 1597.

P. Forcadel (1520–1576): *De aequiponderantibus*, franz. 1565.

G. del Monte (1545–1607): Kommentar zu *De aequiponderantibus*, 1588.

D. Rivault de Flurance (1571 bis 1616): lat. m. Sätzen in Griechisch, 1615.

Heron

Spiritalia, lat. ed. F. Commandino, 1575; *Bellopoica*, lat. ed. B. Baldi, 1616; *Automati*, ital. ed. B. Baldi, 1589; *De machinis bellicis et geodaesia* (von Heron v. Byzanz), lat. v. Fr. Barozzi, 1572.

Namen- und Schriftenverzeichnis

Dieses Verzeichnis will den Leser in stichpunktartiger Kürze so an die Originalliteratur heranführen, daß er die erwähnten Werke ohne allzugroße Mühe in den Katalogen der größeren wissenschaftlichen Bibliotheken feststellen kann. Grundsätzlich ist unterschieden zwischen Autoren (Mathematiker usw. bis gegen 1650) und Literatoren (Verfasser von Zweitliteratur). Bei Autoren sind die Lebensdaten, nach Möglichkeit Angaben über Leben und Wirken, Gesamtausgaben und für den vorliegenden Zweck kennzeichnende Schriften aufgeführt. Bei Literatoren sind weder Lebensdaten noch Schrifttitel angegeben, vielmehr nur die Jahreszahlen der Veröffentlichungen. Fette Seitenzahlen kennzeichnen Stellen mit eingehenderen Mitteilungen über Leistung und Bedeutung der behandelten Autoren.

Sandzahl: S. **45**, 49, 191. Kommentar v. P. Duhamel, Paris 1557. *Spiralenabhdlg.:* S. **44**, 49, 98, 104. *Methodenlehre:* S. 45, 51, 122. Gr. ed. J. L. Heiberg – H. G. Zeuthen, in Bibl. math. (3) 7, 1906/07; *Bedeutg.:* E. Ruffini, Rom 1926. *Gleichgewicht d. Ebenen:* S. 191. Frz. v. P. Forcadel, Paris 1565. *Schwimmende Körper:* lat. v. Wilhelm v. Moerbeke (um 1270), Druck Venedig 1503; ed. N. Tartaglia, Venedig 1543, besser ed. F. Commandino, Bologna 1565.

Archiv Gesch. Math. Nat. = *Archiv für Geschichte der Mathematik, der Naturwissenschaften u. der Technik*, Leipzig 1909 – 1931: S. 9.

Archive hist. exact. sci. = *Archive for history of exact sciences*, ed. C. Truesdell, Berlin/Göttingen/Heidelberg seit 1960: S. 9.

Archives Int. hist. sc. = *Archives Internationales d'histoire des sciences*, Paris seit 1947: S. 9.

Archivio stor. sci. = *Archivio di storia della scienza*, begr. v. A. Mieli, Rom 1919 – 1927: S. 9.

Archytas v. Tarent (428 – 365): S. 30/32, 35. Erwähnungen bei Iamblich: *In Nicomachum* (um 300) u. im *Kommentar* d. Eutokios z. Archimedes (520).

Ardüser, Johann (1584 – 1665): S. 175. *Geometria theorica et practica*, Zürich 1627, ²1646.

Arethas (860 – 932?): S. 105.

Aretino → Bruni, Leonardo.

Argyropoulos, Johannes (1416 bis 1486): S. 112/13. → Aristoteles Drucke (1518/20, 1541).

Argyros, Isaac → Isaac Argyros.

Aristaios (um 330 v. Chr.): S. 36, 43, 47. Erwähnt in Pappos, *Collectiones* (um 320).

Aristarchos v. Samos (310? – 230?): S. 45, 49/50. *Leben u. Wirken:* Th. L. Heath: *The Copernicus of Antiquity*, London 1920. *De magnitudine et distantia solis et lunae*, lat. v. G. Valla, Venedig 1488; v. F. Commandino, Pesaro 1572. Gr. ed. J. Wallis, Oxford 1688 = *Opera* III, Oxford 1699. Frz. v. A. Fortia d'Urban, Paris 1823. Dtsch. v. A. Nokk, Freiburg 1854 (Prgr.); v. E. Nizze, Stralsund 1856 (Prgr.); v. M. Miller, in Wissenschaftl. Zeitschr. Hochschule f. Verkehrswesen Dresden 6, 1959. *Engl. Bearbeitg:* Th. L. Heath, Oxford 1913.

Aristoteles v. Stagira (384 – 322): S. **37**, 38, 48, 56, 63, 72, 79, 81, 83, 85/86, 89/94, 96/98, 100/02, 105/06, 111/14, 125/26, 137, 176/77, 179. *Leben u. Wirken:* W. Jäger, Berlin 1923; J. Burnet, London 1924; I. Düring, Göteborg 1957. *Mathematisches:* J. L. Heiberg, in Abh. Gesch. Math. 18, 1904; Th. L. Heath, Oxford 1949. *Gesamtausgabe* n. d. Redaktion d. Andronikos v. Rhodos (um 50 v. Chr.), ed. Venedig 1495/98; modern ed. I. Bekker u. andere, Berlin 1831/70 m. Nachdrucken. *Hellenistische Kommentare* v. Alexander v. Aphrodisias (um 200), Porphyrios (um 270), Themistios (um 360), Philoponos u. Simplikios (6. Jh.), enthalten in d. Ausgabe Berlin 1882/1909 (*Ak. d. Wiss.*). *Arab. Übersetzg. m. Kommentar* v. Averroës (um 1180), lat. Venedig 1472, ed. A. Nifo, Venedig 1495/97, beste Ausgabe Venedig 1553. *Aristoteles latinus:* G. Lacombe, Rom 1939, Cambridge bis 1955. Einiges lat. aus d. Griech. v. Jakob v. Venetien (1128), enthalten in *PL* 63/64 (dort irrtümlich als Übersetzgen d. Boëtius) u. Wilhelm v. Moerbeke (1260/70). *Humanistische Übersetzungen* ins Lat. v. L. Bruni, E. Barbaro u. Fr. Filelfo (15. Jh.) u. J. Argyropoulos (15. Jh., Druck Augsburg 1518/20, Florenz 1541). *Deutsche Ausgabe* v. E. Grumach, Berlin seit 1956. *Einführungsschriften*, dtsch. v. O. Gigon, Zürich/Stuttgart 1961. *Pseudo-Aristoteles:* S. 90, 102. *De caelo et mundo*, griech.-engl. ed. W. K. C. Guthrie, London 1938. Vgl. d. *Kommentar* d. Nikolaus v. Oresme (1377).

Aristoteliker: S. 89/91, 93, 98, 113. Vgl. E. van Steenberghen: *Aristote en Occident*, Löwen 1946.

ar-Rajâmî (um 850): S. 65.

ar-Rûmî († 1524/25): S. 71. Über al-Kâšîs *Näherungsrechnungen* siehe dort.

Sachverzeichnis

Das nachfolgende Sachverzeichnis bezieht sich vor allem auf mathematische Gegenstände. Es enthält eine größere Anzahl von Stichworten, bei denen inhaltlich Zusammengehörendes zusammenfassend aufgeführt wird. Diese Stichworte sind zu Anfang aufgezählt, um den Überblick und das Nachsuchen zu erleichtern. Bei einigen weiteren Stichworten ist angegeben, unter welchem Oberbegriff sie zu finden sind.

Allgemeine Stichworte

Einzelverweise

SAMMLUNG GÖSCHEN

GESAMTVERZEICHNIS

Jeder Band DM 3,60 · Doppelband DM 5,80

Februar 1963

WALTER DE GRUYTER & CO., BERLIN 30

Inhaltsübersicht

Geisteswissenschaften

Philosophie

Einführung in die Philosophie von *H. Leisegang †.* 5. Auflage. 145 Seiten. 1963. In Vorbereitung (281)

Hauptprobleme der Philosophie von *G. Simmel †.* 7., unveränderte Auflage. 177 Seiten. 1950. (500)

Geschichte der Philosophie

I: Die griechische Philosophie von *W. Capelle.* 1. Teil. Von Thales bis Leukippos. 2., erweiterte Auflage. 135 Seiten. 1953. (857)

II: Die griechische Philosophie von *W. Capelle.* 2. Teil. Von der Sophistik bis zum Tode Platons. 2., stark erweiterte Auflage. 144 Seiten. 1953. (858)

III: Die griechische Philosophie von *W. Capelle.* 3. Teil. Vom Tode Platons bis zur Alten Stoa. 2., stark erweiterte Auflage. 132 Seiten. 1954. (859)

IV: Die griechische Philosophie von *W. Capelle.* 4. Teil. Von der Alten Stoa bis zum Eklektizismus im 1. Jh. v. Chr. 2., stark erweiterte Auflage. 132 Seiten. 1954. (863)

V: Die Philosophie des Mittelalters von *J. Koch.* In Vorbereitung. (826)

VI: Von der Renaissance bis Kant von *K. Schilling.* 234 Seiten. 1954. (394/394a)

VII: Immanuel Kant von *G. Lehmann.* In Vorbereitung. (536)

VIII: Die Philosophie des 19. Jahrhunderts von *G. Lehmann.* 1. Teil. 151 Seiten. 1953. (571)

IX: Die Philosophie des 19. Jahrhunderts von *G. Lehmann.* 2. Teil. 168 Seiten. 1953. (709)

X: Die Philosophie im ersten Drittel des 20. Jahrhunderts 1. Teil von *G. Lehmann.* 128 Seiten. 1957. (845)

XI: Die Philosophie im ersten Drittel des 20. Jahrhunderts 2. Teil von *G. Lehmann.* 114 Seiten. 1960. (850)

Die geistige Situation der Zeit (1931) von *K. Jaspers.* 5., unveränderter Abdruck der im Sommer 1932 bearbeiteten 5. Auflage. 211 Seiten. 1960. (1000)

Erkenntnistheorie von *G. Kropp.*
1. Teil: Allgemeine Grundlegung. 143 Seiten. 1950. (807)

Formale Logik von *P. Lorenzen.* 2., verbesserte Auflage. 165 Seiten. 1962. (1176/1176a)

Philosophisches Wörterbuch von *M. Apel †.* 5., völlig neubearbeitete Auflage von *P. Ludz.* 315 Seiten. 1958. (1031/1031a)

Philosophische Anthropologie. Menschliche Selbstdeutung in Geschichte und Gegenwart von *M. Landmann.* 266 Seiten. 1955. (156/156a)

Pädagogik, Psychologie, Soziologie

Geschichte der Pädagogik von *Herm. Weimer*. 15., neubearbeitete und vermehrte Auflage von *Heinz Weimer*. 184 Seiten. 1962. (145)
Therapeutische Psychologie. Ihr Weg durch die Psychoanalyse von *W. M. Kranefeldt*. Mit einer Einführung von *C. G. Jung*. 3. Auflage. 152 Seiten. 1956. (1034)
Allgemeine Psychologie von *Th. Erismann †*. 4 Bände. 2., neubearbeitete Auflage.
I: Grundprobleme. 146 Seiten. 1958. (831)
II: Grundarten des psychischen Geschehens. 248 Seiten. 1959. (832/832a)
III: Experimentelle Psychologie und ihre Grundlagen. 1. Teil. 112 Seiten, 7 Abbildungen. 1962. (833)
IV: Experimentelle Psychologie und ihre Grundlagen. 2. Teil. 199 Seiten, 20 Abbildungen. 1962. (834/834a)
Soziologie. Geschichte und Hauptprobleme von *L. von Wiese*. 6. Auflage. 175 Seiten. 1960. (101)
Ideengeschichte der sozialen Bewegung des 19. und 20. Jh. von *W. Hofmann*. 243 Seiten. 1962. (1205/1205a)
Sozialpsychologie von *P. R. Hofstätter*. 181 Seiten, 15 Abbildungen, 22 Tabellen. 1956. (104/104a)
Psychologie des Berufs- und Wirtschaftslebens von *W. Moede †*. 190 Seiten, 48 Abbildungen. 1958. (851/851a)
Industrie- und Betriebssoziologie von *R. Dahrendorf*. 2., umgearbeitete und erweiterte Auflage. 142 Seiten, 3 Figuren. 1962. (103)
Einführung in die Sozialethik von *H.-D. Wendland*. 144 Seiten. 1963. (1203)

Religion

Jesus von *M. Dibelius †*. 3. Auflage, mit einem Nachtrag von *W. G. Kümmel*. 140 Seiten. 1960. (1130)
Paulus von *M. Dibelius †*. Nach dem Tode des Verfassers herausgegeben und zu Ende geführt von *W. G. Kümmel*. 2., durchgesehene Auflage. 155 Seiten. 1956. (1160)
Luther von *F. Lau*. 151 Seiten. 1959. (1187)
Melanchthon von *R. Stupperich*. 139 Seiten. 1960. (1190)
Einführung in die Konfessionskunde der orthodoxen Kirchen von *K. Onasch*. 291 Seiten. 1962. (1197/1197a)
Geschichte des christlichen Gottesdienstes von *W. Nagel*. 215 Seiten. 1962. (1202/1202a)
Geschichte Israels. Von den Anfängen bis zur Zerstörung des Tempels (70 n. Chr.) von *E. L. Ehrlich*. 158 Seiten, 1 Tafel. 1958. (231/231a)
Römische Religionsgeschichte von *F. Altheim*. 2 Bände. 2., umgearbeitete Auflage.
I: Grundlagen und Grundbegriffe. 116 Seiten. 1956. (1035)
II: Der geschichtliche Ablauf. 164 Seiten. 1956. (1052)
Die Religion des Buddhismus von *D. Schlingloff*. 2 Bände.
I: Der Heilsweg des Mönchtums. 122 Seiten, 11 Abbildungen, 1 Karte. 1962. (174)
II: Der Heilsweg für die Welt. In Vorbereitung. (770)

Musik

Musikästhetik von *H. J. Moser.* 180 Seiten. Mit zahlreichen Notenbeispielen. 1953. (344)

Systematische Modulation von *R. Hernried.* 2. Auflage. 136 Seiten. Mit zahlreichen Notenbeispielen. 1950. (1094)

Der polyphone Satz von *E. Pepping.* 2 Bände.
I: Der cantus-firmus-Satz. 2. Auflage. 223 Seiten. Mit zahlreichen Notenbeispielen. 1950. (1148)
II: Übungen im doppelten Kontrapunkt und im Kanon. 137 Seiten. Mit zahlreichen Notenbeispielen. 1957. (1164/1164a)

Allgemeine Musiklehre von *H. J. Moser.* 2., durchgesehene Auflage. 155 Seiten. Mit zahlreichen Notenbeispielen. 1955. (220/220a)

Harmonielehre von *H. J. Moser.* 2 Bände.
I: 109 Seiten. Mit 120 Notenbeispielen. 1954. (809)

Die Musik des 19. Jahrhunderts von *W. Oehlmann.* 180 Seiten. 1953. (170)

Die Musik des 20. Jahrhunderts von *W. Oehlmann.* 312 Seiten. 1961. (171/171a)

Technik der deutschen Gesangskunst von *H. J. Moser.* 3., durchgesehene und verbesserte Auflage. 144 Seiten, 5 Figuren sowie Tabellen und Notenbeispiele. 1954. (576/576a)

Die Kunst des Dirigierens von *H. W. von Waltershausen †.* 2., vermehrte Auflage. 138 Seiten. Mit 19 Notenbeispielen. 1954. (1147)

Die Technik des Klavierspiels aus dem Geiste des musikalischen Kunstwerkes von *K. Schubert †.* 3. Auflage. 110 Seiten. Mit Notenbeispielen. 1954. (1045)

Kunst

Stilkunde von *H. Weigert.* 2 Bände. 3., durchgesehene und ergänzte Auflage.
I: Vorzeit, Antike, Mittelalter. 136 Seiten, 94 Abbildungen. 1958. (80)
II: Spätmittelalter und Neuzeit. 150 Seiten, 88 Abbildungen. 1958. (781)

Archäologie von *A. Rumpf.* 2 Bände.
I: Einleitung, historischer Überblick. 143 Seiten, 6 Abbildungen, 12 Tafeln. 1953. (538)
II: Die Archäologensprache. Die antiken Reproduktionen. 136 Seiten, 7 Abbildungen, 12 Tafeln. 1956. (539)

Geschichte

Einführung in die Geschichtswissenschaft von *P. Kirn.* 4., durchgesehene Auflage. 127 Seiten. 1963. (270)

Einführung in die Zeitgeschichte von *B. Scheurig.* 101 Seiten. 1962. (1204)

Zeitrechnung der römischen Kaiserzeit, des Mittelalters und der Neuzeit für die Jahre 1—2000 n. Chr. von *H. Lietzmann †.* 3. Auflage, durchgesehen von *K. Aland.* 130 Seiten. 1956. (1085)

GEISTESWISSENSCHAFTEN

Kultur der Urzeit von *F. Behn*. 3 Bände. 4. Auflage der Kultur der Urzeit Bd. 1—3 von *M. Hoernes*.

I: Die vormetallischen Kulturen. (Die Steinzeiten Europas. Gleichartige Kulturen in anderen Erdteilen.) 172 Seiten, 48 Abbildungen. 1950. (564)

II: Die älteren Metallkulturen. (Der Beginn der Metallbenutzung, Kupfer- und Bronzezeit in Europa, im Orient und in Amerika.) 160 Seiten, 67 Abbildungen. 1950. (565)

III: Die jüngeren Metallkulturen. (Das Eisen als Kulturmetall, Hallstatt-Latène-Kultur in Europa. Das erste Auftreten des Eisens in den anderen Weltteilen.) 149 Seiten, 60 Abbildungen. 1950. (566)

Vorgeschichte Europas von *F. Behn*. Völlig neue Bearbeitung der 7. Auflage der „Urgeschichte der Menschheit" von *M. Hoernes*. 125 Seiten, 47 Abbildungen. 1949. (42)

Der Eintritt der Germanen in die Geschichte von *J. Haller †*. 3. Auflage, durchgesehen von *H. Dannenbauer*. 120 Seiten, 6 Kartenskizzen. 1957. (1117)

Von den Karolingern zu den Staufern. Die altdeutsche Kaiserzeit (900—1250) von *J. Haller †*. 4., durchgesehene Auflage von *H. Dannenbauer*. 142 Seiten, 4 Karten. 1958. (1065)

Von den Staufern zu den Habsburgern. Auflösung des Reichs und Emporkommen der Landesstaaten (1250—1519) von *J. Haller †*. 2., durchgesehene Auflage von *H. Dannenbauer*. 118 Seiten, 6 Kartenskizzen. 1960. (1077)

Deutsche Geschichte im Zeitalter der Reformation, der Gegenreformation und des dreißigjährigen Krieges von *F. Hartung*. 2., durchgesehene Auflage. 128 Seiten. 1963. (1105)

Deutsche Geschichte von 1648—1740. Politischer und geistiger Wiederaufbau von *W. Treue*. 120 Seiten. 1956. (35)

Deutsche Geschichte von 1713—1806. Von der Schaffung des europäischen Gleichgewichts bis zu Napoleons Herrschaft von *W. Treue*. 168 Seiten. 1957. (39)

Deutsche Geschichte von 1806—1890. Vom Ende des alten bis zur Höhe des neuen Reiches von *W. Treue*. 128 Seiten. 1961. (893)

Deutsche Geschichte von 1890 bis zur Gegenwart von *W. Treue*. In Vorbereitung. (894)

Quellenkunde der Deutschen Geschichte im Mittelalter (bis zur Mitte des 15. Jahrhunderts) von *K. Jacob †*. 3 Bände.

I: Einleitung. Allgemeiner Teil. Die Zeit der Karolinger. 6. Auflage, bearbeitet von *H. Hohenleutner*. 127 Seiten. 1959. (279)

II: Die Kaiserzeit (911—1250). 5. Auflage, neubearbeitet von *H. Hohenleutner*. 141 Seiten. 1961. (280)

III: Das Spätmittelalter (vom Interregnum bis 1500). Herausgegeben von *F. Weden*. 152 Seiten. 1952. (284)

Geschichte Englands von *H. Preller*. 2 Bände.

I: bis 1815. 3., stark umgearbeitete Auflage. 135 Seiten, 7 Stammtafeln, 2 Karten. 1952. (375)

II: Von 1815 bis 1910. 2., völlig umgearbeitete Auflage. 118 Seiten, 1 Stammtafel, 7 Karten. 1954. (1088)

Römische Geschichte von *F. Altheim*. 4 Bände. 2., verbesserte Auflage.
I: Bis zur Schlacht bei Pydna (168 v.Chr.). 124 Seiten. 1956. (19)
II: Bis zur Schlacht bei Actium (31 v.Chr.). 129 Seiten. 1956. (677)
III: Bis zur Schlacht an der Milvischen Brücke (312 n.Chr.). 148 Seiten. 1958. (679)
IV: Bis zur Schlacht am Yarmuk (636 n.Chr.). In Vorbereitung. (684)

Geschichte der Vereinigten Staaten von Amerika von *O. Graf zu Stolberg-Wernigerode*. 192 Seiten, 10 Karten. 1956. (1051/1051a)

Deutsche Sprache und Literatur

Geschichte der Deutschen Sprache von *H. Sperber*. 4. Auflage, besorgt von *W. Fleischhauer*. 128 Seiten. 1963. In Vorbereitung. (915)

Deutsches Rechtschreibungswörterbuch von *M. Gottschald †*. 2., verbesserte Auflage. 219 Seiten. 1953. (200/200a)

Deutsche Wortkunde. Kulturgeschichte des deutschen Wortschatzes von *A. Schirmer*. 4. Auflage von *W. Mitzka*. 123 Seiten. 1960. (929)

Deutsche Sprachlehre von *W. Hofstaetter*. 10. Auflage. Völlige Umarbeitung der 8. Auflage. 150 Seiten. 1960. (20)

Stimmkunde für Beruf, Kunst und Heilzwecke von *H. Biehle*. 111 Seiten. 1955. (60)

Redetechnik. Einführung in die Rhetorik von *H. Biehle*. 2., erweiterte Auflage. 151 Seiten. 1961. (61)

Sprechen und Sprachpflege (Die Kunst des Sprechens) von *H. Feist*. 2., verbesserte Auflage. 99 Seiten, 25 Abbildungen. 1952. (1122)

Deutsches Dichten und Denken von der germanischen bis zur staufischen Zeit von *H. Naumann †*. (Deutsche Literaturgeschichte vom 5.—13. Jahrhundert.) 2., verbesserte Auflage. 166 Seiten. 1952. (1121)

Deutsches Dichten und Denken vom Mittelalter zur Neuzeit von *G. Müller* (1270 bis 1700). 3., durchgesehene Auflage. 159 Seiten. 1963. In Vorbereitung. (1086)

Deutsches Dichten und Denken von der Aufklärung bis zum Realismus (Deutsche Literaturgeschichte von 1700—1890) von *K. Viëtor †*. 3., durchgesehene Auflage. 159 Seiten. 1958. (1096)

Der Nibelunge Nôt in Auswahl mit kurzem Wörterbuch von *K. Langosch*. 10., durchgesehene Auflage. 164 Seiten. 1956. (1)

Kudrun und Dietrich-Epen in Auswahl mit Wörterbuch von *O. L. Jiriczek*. 6. Auflage, bearbeitet von *R. Wisniewski*. 173 Seiten. 1957. (10)

Wolfram von Eschenbach. Parzival. Eine Auswahl mit Anmerkungen und Wörterbuch von *H. Jantzen*. 2. Auflage, bearbeitet von *H. Kolb*. 128 Seiten. 1957. (921)

Hartmann von Aue. Der arme Heinrich nebst einer Auswahl aus der „Klage", dem „Gregorius" und den Liedern (mit einem Wörterverzeichnis) herausgegeben von *F. Maurer*. 96 Seiten. 1958. (18)

Gottfried von Strassburg in Auswahl herausgegeben von *F. Maurer*. 142 Seiten. 1959. (22)

Die deutschen Personennamen von *M. Gottschald †.* 2., verbesserte Auflage. 151 Seiten. 1955. (422)
Althochdeutsches Elementarbuch. Grammatik und Texte von *H. Naumann †* und *W. Betz.* 3., verbesserte und vermehrte Auflage. 183 Seiten. 1962. (1111/1111a)
Mittelhochdeutsche Grammatik von *H. de Boor* und *R. Wisniewski.* 3., verbesserte und ergänzte Auflage. 150 Seiten. 1963. (1108)

Indogermanisch, Germanisch

Indogermanische Sprachwissenschaft von *H. Krahe.* 2 Bände. 4., überarbeitete Auflage.
I: Einleitung und Lautlehre. 110 Seiten. 1962. (59)
II: Formenlehre. 124 Seiten. 1963. (64)
Gotisches Elementarbuch. Grammatik, Texte mit Übersetzung und Erläuterungen von *H. Hempel.* 3., umgearbeitete Auflage. 166 Seiten. 1962. (79/79a)
Germanische Sprachwissenschaft von *H. Krahe.* 2 Bände.
I: Einleitung und Lautlehre. 5., überarbeitete Auflage. 149 Seiten. 1963. (238)
II: Formenlehre. 4., überarbeitete Auflage. 149 Seiten. 1961. (780)
Altnordisches Elementarbuch. Schrift, Sprache, Texte mit Übersetzung und Wörterbuch von *F. Ranke.* 2., durchgesehene Auflage. 146 Seiten. 1949. (1115)

Englisch, Romanisch

Altenglisches Elementarbuch. Einführung, Grammatik, Texte mit Übersetzung und Wörterbuch von *M. Lehnert.* 5., verbesserte Auflage. 178 Seiten. 1962. (1125)
Historische neuenglische Laut- und Formenlehre von *E. Ekwall.* 3., durchgesehene Auflage. 150 Seiten. 1956. (735)
Englische Phonetik von *H. Mutschmann †.* 2. Auflage. Etwa 117 Seiten. 1963. In Vorbereitung. (601)
Englische Literaturgeschichte von *F. Schubel.* 4 Bände.
I: Die alt- und mittelenglische Periode. 163 Seiten. 1954. (1114)
II: Von der Renaissance bis zur Aufklärung. 160 Seiten. 1956. (1116)
III: Romantik und Viktorianismus. 160 Seiten. 1960. (1124)
Beowulf von *M. Lehnert.* Eine Auswahl mit Einführung, teilweiser Übersetzung, Anmerkungen und etymologischem Wörterbuch. 3., verbesserte Auflage. 135 Seiten. 1959. (1135)
Shakespeare von *P. Meißner †.* 2. Auflage, neubearbeitet von *M. Lehnert.* 136 Seiten. 1954. (1142)
Italienische Literaturgeschichte von *K. Voßler †.* 5. Auflage, neubearbeitet von *A. Noyer-Weidner.* In Vorbereitung. (125)

Romanische Sprachwissenschaft von *H. Lausberg*. 4 Bände.
I: Einleitung und Vokalismus. 2. Auflage. 160 Seiten. 1963. In Vorbereitung. (128/128a)
II: Konsonantismus. 95 Seiten. 1956. (250)
III: Formenlehre. 1. Teil. 99 Seiten. 1962. (1199)
III: Formenlehre. 2. Teil. S. 99—260. 1962. (1200/1200a)
IV: Wortlehre. In Vorbereitung. (1208)

Griechisch, Lateinisch

Griechische Sprachwissenschaft von *W. Brandenstein*. 2 Bände.
I: Einleitung, Lautsystem, Etymologie. 160 Seiten. 1954. (117)
II: Wortbildung und Formenlehre. 192 Seiten. 1959. (118/118a)
Geschichte der griechischen Sprache. 2 Bände.
I: Bis zum Ausgang der klassischen Zeit von *O. Hoffmann †*. 3. Auflage, bearbeitet von *A. Debrunner †*. 156 Seiten. 1953. (111)
II: Grundfragen und Grundzüge des nachklassischen Griechisch von *A. Debrunner †*. 144 Seiten. 1954. (114)
Geschichte der griechischen Literatur von *W. Nestle*. 2. Bände. 3. Auflage, bearbeitet von *W. Liebich*.
I: 144 Seiten. 1961. (70)
II: In Vorbereitung. (557)
Grammatik der neugriechischen Volkssprache von *J. Kalitsunakis*. 3., völlig neubearbeitete und erweiterte Auflage. 197 Seiten. 1963. (756/756a)
Neugriechisch-deutsches Gesprächsbuch von *J. Kalitsunakis*. 2. Auflage, bearbeitet von *A. Steinmetz*. 99 Seiten. 1960. (587)
Geschichte der lateinischen Sprache von *F. Stolz*. 4. Auflage von *A. Debrunner †*. In Vorbereitung. (492)
Geschichte der römischen Literatur von *L. Bieler*. 2 Bände.
I: Die Literatur der Republik. 160 Seiten. 1961. (52)
II: Die Literatur der Kaiserzeit. 133 Seiten. 1961. (866)

Hebräisch, Sanskrit, Russisch

Hebräische Grammatik von *G. Beer †*. 2 Bände. Völlig neubearbeitet von *R. Meyer*.
I: Schrift-, Laut- und Formenlehre I. 3. Auflage. 157 Seiten. In Vorbereitung. (763/763a)
II: Formenlehre II. Syntax und Flexionstabellen. 2. Auflage. 195 Seiten. 1955. (764/764a)
Hebräisches Textbuch zu *G. Beer-R. Meyer*, Hebräische Grammatik von *R. Meyer*. 170 Seiten. 1960. (769/769a)
Sanskrit-Grammatik von *M. Mayrhofer*. 89 Seiten. 1953. (1158)
Russische Grammatik von *E. Berneker †*. 6., verbesserte Auflage vor *M. Vasmer †*. 155 Seiten. 1961. (66)
Slavische Sprachwissenschaft von *H. Bräuer*. 2 Bände.
I: Einleitung, Lautlehre. 221 Seiten. 1961. (1191/1191a)

Erd- und Länderkunde, Kartographie

Afrika von *F. Jaeger.* Ein geographischer Überblick. 2 Bände. 3. Auflage.
I: Der Lebensraum. 179 Seiten, 18 Abbildungen. 1963. In Vorbereitung. (910)
II: Mensch und Kultur. 155 Seiten, 6 Abbildungen. 1963. In Vorbereitung. (911)

Australien und Ozeanien von *H. J. Krug.* 176 Seiten, 46 Skizzen. 1953. (319)

Kartographie von *V. Heissler.* 213 Seiten, 125 Abb., 8 Anlagen. 1962. (30/30a)

Volkswirtschaft, Statistik, Publizistik

Allgemeine Betriebswirtschaftslehre von *K. Mellerowicz.* 4 Bände. 11., durchgesehene Auflage.
I: 224 Seiten. 1961. (1008/1008a)
II: 188 Seiten. 1962. (1153/1153a)
III: 260 Seiten. 1963. (1154/1154a)
IV: 209 Seiten. 1963. (1186/1186a)

Geschichte der Volkswirtschaftslehre von *S. Wendt.* 182 Seiten. 1961. (1194)

Allgemeine Volkswirtschaftslehre von *A. Paulsen.* 4 Bände.
I: Grundlegung, Wirtschaftskreislauf. 4., neubearbeitete Auflage. 154 Seiten. 1962. (1169)
II: Haushalte, Unternehmungen, Marktformen. 4., neubearbeitete Auflage. 168 Seiten, 32 Abbildungen. 1963. (1170)
III: Produktionsfaktoren. 3. Auflage. 200 Seiten. 1963. (1171)
IV: Gesamtbeschäftigung, Konjunkturen, Wachstum. 2. Auflage. 174 Seiten. 1962. (1172)

Allgemeine Volkswirtschaftspolitik von *H. Ohm.* 2 Bände.
I: Systematisch-Theoretische Grundlegung. 137 Seiten, 6 Abbildungen. 1962. (1195)
II: Der volkswirtschaftliche Gesamtorganismus als Objekt der Wirtschaftspolitik. In Vorbereitung. (1196)

Finanzwissenschaft von *H. Kolms.* 4 Bände.
I: Grundlegung, Öffentliche Ausgaben. 2. Auflage. 160 Seiten. 1963. In Vorbereitung. (148)
II: Erwerbseinkünfte, Gebühren und Beiträge; Allgemeine Steuerlehre. 148 Seiten. 1960. (391)
III: Besondere Steuerlehre. 178 Seiten. 1962. (776)
IV: Öffentlicher Kredit. Haushaltswesen. Finanzausgleich. In Vorbereitung. (782)

Finanzmathematik von *M. Nicolas*. 192 Seiten, 11 Tafeln, 8 Tabellen und 72 Beispiele. 1959. (1183/1183a)

Industrie- und Betriebssoziologie von *R. Dahrendorf*. 2., umgearbeitete und erweiterte Auflage. 142 Seiten, 3 Figuren. 1962. (103)

Wirtschaftssoziologie von *F. Fürstenberg*. 122 Seiten. 1961. (1193)

Psychologie des Berufs- und Wirtschaftslebens von *W. Moede †*. 190 Seiten, 48 Abbildungen. 1958. (851/851a)

Allgemeine Methodenlehre der Statistik von *J. Pfanzagl*. 2 Bände.
I: Elementare Methoden unter besonderer Berücksichtigung der Anwendungen in den Wirtschafts- und Sozialwissenschaften. 2. Auflage. Etwa 205 Seiten, 35 Abbildungen. 1963. (746/746a)
II: Höhere Methoden unter besonderer Berücksichtigung der Anwendungen in Naturwissenschaft, Medizin und Technik. 295 Seiten, 39 Abbildungen. 1962. (747/747a)

Zeitungslehre von *E. Dovifat*. 2 Bände. 4., neubearbeitete Auflage.
I: Theoretische und rechtliche Grundlagen — Nachricht und Meinung — Sprache und Form. 149 Seiten. 1962. (1039)
II: Redaktion — Die Sparten: Verlag und Vertrieb, Wirtschaft und Technik — Sicherung der öffentlichen Aufgabe. 168 Seiten. 1962. (1040)

Naturwissenschaften

Mathematik

Geschichte der Mathematik von *J. E. Hofmann*. 4 Bände.
I: Von den Anfängen bis zum Auftreten von Fermat und Descartes. 2., verbesserte und vermehrte Auflage. 200 Seiten. 1963. (226/226a)
II: Von Fermat und Descartes bis zur Erfindung des Calculus und bis zum Ausbau der neuen Methoden. 109 Seiten. 1957. (875)
III: Von den Auseinandersetzungen um den Calculus bis zur französischen Revolution. 107 Seiten. 1957. (882)
IV: Geschichte der Mathematik der neuesten Zeit von *N. Stuloff*. In Vorbereitung. (883)

Mathematische Formelsammlung von *F. O. Ringleb*. 7., erweiterte Auflage. 320 Seiten, 40 Figuren. 1960. (51/51a)

Vierstellige Tafeln und Gegentafeln für logarithmisches und trigonometrisches Rechnen in zwei Farben zusammengestellt von *H. Schubert* und *R. Haussner*. 3., neubearbeitete Auflage von *J. Erlebach*. 158 Seiten. 1960. (81)

Fünfstellige Logarithmen mit mehreren graphischen Rechentafeln und häufig vorkommenden Zahlenwerten von *A. Adler*. 4. Auflage, überarbeitet von *J. Erlebach*. 127 Seiten, 1 Tafel. 1962. (423)

Arithmetik von *P. B. Fischer †*. 3. Auflage von *H. Rohrbach*. 152 Seiten, 19 Abbildungen. 1958. (47)

Höhere Algebra von *H. Hasse*. 2 Bände.
I: Lineare Gleichungen. 5., neubearbeitete Auflage. 150 Seiten. 1963. (931)
II: Gleichungen höheren Grades. 4., durchgesehene Auflage. 158 Seiten, 5 Figuren. 1958. (932)

Aufgabensammlung zur höheren Algebra von *H. Hasse* und *W. Klobe*. 3., verbesserte Auflage. 183 Seiten. 1961. (1082)

Elementare und klassische Algebra vom modernen Standpunkt von *W. Krull*. 2 Bände.
I: 3., erweiterte Auflage. 136 Seiten. 1963. In Vorbereitung. (930)
II: 132 Seiten. 1959. (933)

Algebraische Kurven und Flächen von *W. Burau*. 2 Bände.
I: Algebraische Kurven der Ebene. 153 Seiten. 28 Abbildungen. 1962. (435)
II: Algebraische Flächen 3. Grades und Raumkurven 3. und 4. Grades. 162 Seiten, 17 Abbildungen. 1962. (436/436a)

Einführung in die Zahlentheorie von *A. Scholz †*. Überarbeitet und herausgegeben von *B. Schoeneberg*. 3. Auflage. 128 Seiten. 1961. (1131)

Formale Logik von *P. Lorenzen*. 2., verbesserte Auflage. 165 Seiten. 1962. (1176/1176a)

Topologie von *W. Franz*. 2 Bände.
I: Allgemeine Topologie. 144 Seiten, 9 Figuren. 1960. (1181)
II: Algebraische Topologie. In Vorbereitung. (1182)

Elemente der Funktionentheorie von *K. Knopp †*. 6. Auflage. 144 Seiten, 23 Figuren. 1963. In Vorbereitung. (1109)

Funktionentheorie von *K. Knopp †*. 2 Bände. 10. Auflage.
- I: Grundlagen der allgemeinen Theorie der analytischen Funktionen. 144 Seiten, 8 Figuren. 1961. (668)
- II: Anwendungen und Weiterführung der allgemeinen Theorie. 130 Seiten, 7 Figuren. 1962. (703)

Aufgabensammlung zur Funktionentheorie von *K. Knopp †*. 2 Bände.
- I: Aufgaben zur elementaren Funktionentheorie. 6. Auflage. 135 Seiten. 1962. (877)
- II: Aufgaben zur höheren Funktionentheorie. 5. Auflage. 151 Seiten. 1959. (878)

Differential- und Integralrechnung von *M. Barner*. (Früher *Witting*). 4 Bände.
- I: Grenzwertbegriff, Differentialrechnung. 2. Auflage. Etwa 176 Seiten. 1963. In Vorbereitung. (86/86a)

Gewöhnliche Differentialgleichungen von *G. Hoheisel*. 6., neubearbeitete und erweiterte Auflage. 128 Seiten. 1960. (920)

Partielle Differentialgleichungen von *G. Hoheisel*. 4., durchgesehene Auflage. 128 Seiten. 1960. (1003)

Aufgabensammlung zu den gewöhnlichen und partiellen Differentialgleichungen von *G. Hoheisel*. 4., durchgesehene und verbesserte Auflage. 124 Seiten. 1958. (1059)

Integralgleichungen von *G. Hoheisel*. 2., durchgesehene Auflage. Etwa 125 Seiten. 1963. (1099)

Mengenlehre von *E. Kamke*. 4., verbesserte Auflage. 194 Seiten, 6 Figuren. 1962. (999/999a)

Gruppentheorie von *L. Baumgartner*. 3., neubearbeitete Auflage. 110 Seiten, 3 Tafeln. 1958. (837)

Ebene und sphärische Trigonometrie von *G. Hessenberg †*. 5. Auflage, durchgesehen von *H. Kneser*. 172 Seiten, 60 Figuren. 1957. (99)

Darstellende Geometrie von *W. Haack*. 3 Bände.
- I: Die wichtigsten Darstellungsmethoden. Grund- und Aufriß ebenflächiger Körper. 4., durchgesehene und ergänzte Auflage. 113 Seiten, 120 Abbildungen. 1963. (142)
- II: Körper mit krummen Begrenzungsflächen. Kotierte Projektionen. 3., durchgesehene Auflage. 129 Seiten, 86 Abbildungen. 1962. (143)
- III: Axonometrie und Perspektive. 2., durchgesehene und ergänzte Auflage. 129 Seiten, 100 Abbildungen. 1962. (144)

Analytische Geometrie von *K. P. Grotemeyer*. 2., erweiterte Auflage. 218 Seiten, 73 Abbildungen. 1962. (65/65a)

Nichteuklidische Geometrie. Hyperbolische Geometrie der Ebene von *R. Baldus †*. Durchgesehen und herausgegeben von *F. Löbell*. 3., verbesserte Auflage. 140 Seiten, 70 Figuren. 1953. (970)

Differentialgeometrie von *K. Strubecker* (früher *Rothe*). 3 Bände.
- I: Kurventheorie der Ebene und des Raumes. 150 Seiten, 18 Figuren. 1955. (1113/1113a)
- II: Theorie der Flächenmetrik. 195 Seiten, 14 Figuren. 1958. (1179/1179a)
- III: Theorie der Flächenkrümmung. 254 Seiten, 38 Figuren. 1959. (1180/1180a)

Variationsrechnung von *L. Koschmieder*. 2 Bände. 2., neubearbeitete Auflage.
I: Das freie und gebundene Extrem einfacher Grundintegrale. 128 Seiten, 23 Figuren. 1962. (1074)
II: Anwendung klassischer Verfahren auf allgemeine Fragen des Extrems. — Neuere unmittelbare Verfahren. In Vorbereitung. (1075)

Einführung in die konforme Abbildung von *L. Bieberbach*. 5., erweiterte Auflage. 180 Seiten, 42 Figuren. 1956. (768/768a)

Vektoren und Matrizen von *S. Valentiner*. 2. Auflage. (9., erweiterte Auflage der „Vektoranalysis"). Mit Anhang: Aufgaben zur Vektorrechnung von *H. König*. 202 Seiten, 35 Figuren. 1960. (354/354a)

Versicherungsmathematik von *F. Böhm*. 2 Bände.
I: Elemente der Versicherungsrechnung. 3., vermehrte und verbesserte Auflage. Durchgesehener Neudruck. 151 Seiten. 1953. (180)
II: Lebensversicherungsmathematik. Einführung in die technischen Grundlagen der Sozialversicherung. 2., verbesserte und vermehrte Auflage. 205 Seiten. 1953. (917/917a)

Finanzmathematik von *M. Nicolas*. 192 Seiten, 11 Tafeln, 8 Tabellen und 72 Beispiele. 1959. (1183/1183a)

Physik

Einführung in die theoretische Physik von *W. Döring*. 5 Bände.
I: Mechanik. 2., verbesserte Auflage. 123 Seiten, 25 Abbildungen. 1960. (76)
II: Das elektromagnetische Feld. 2., verbesserte Auflage. 132 Seiten, 15 Abbildungen. 1962. (77)
III: Optik. 2., verbesserte Auflage. 117 Seiten, 32 Abbildungen. 1963. (78)
IV: Thermodynamik. 107 Seiten, 9 Abbildungen. 1956. (374)
V: Statistische Mechanik. 114 Seiten, 12 Abbildungen. 1957. (1017)

Mechanik deformierbarer Körper von *M. Päsler*. 199 Seiten, 48 Abbildungen. 1960. (1189/1189a)

Atomphysik von *K. Bechert*, *Ch. Gerthsen †* und *A. Flammersfeld*. 7 Bände.
I: Allgemeine Grundlagen. 1. Teil. 4., durchgesehene Auflage von *A. Flammersfeld*. 124 Seiten, 35 Abbildungen. 1959. (1009)
II: Allgemeine Grundlagen. 2. Teil. 4., umgearbeitete Auflage von *A. Flammersfeld*. Etwa 112 Seiten. 1963. (1033)
III: Theorie des Atombaus. 1. Teil von *K. Bechert*. 4., umgearbeitete Auflage. 148 Seiten, 16 Abbildungen. 1963. (1123/1123a)
IV: Theorie des Atombaus. 2. Teil von *K. Bechert*. 4., umgearbeitete Auflage. 170 Seiten, 14 Abbildungen. 1963. In Vorbereitung. (1165/1165a)

Differentialgleichungen der Physik von *F. Sauter*. 3., durchgesehene und ergänzte Auflage. 148 Seiten, 16 Figuren. 1958. (1070)

Physikalische Formelsammlung von *G. Mahler †*. Neubearbeitet von *H. Graewe*. 11. Auflage. 153 Seiten, 69 Figuren. 1963. (136)

Physikalische Aufgabensammlung von *G. Mahler †*. Neubearbeitet von *K. Mahler*. Mit den Ergebnissen. 11. Auflage. 127 Seiten. 1961. (243)

Chemie

Geschichte der Chemie in kurzgefaßter Darstellung von *G. Lockemann*. 2 Bände.
I: Vom Altertum bis zur Entdeckung des Sauerstoffs. 142 Seiten, 8 Bildnisse. 1950. (264)
II: Von der Entdeckung des Sauerstoffs bis zur Gegenwart. 151 Seiten, 16 Bildnisse. 1955. (265/265a)

Anorganische Chemie von *W. Klemm*. 12., neubearbeitete und erweiterte Auflage. 255 Seiten, 34 Abbildungen. 1962. (37/37a)

Organische Chemie von *W. Schlenk*. 9., erweiterte Auflage. 273 Seiten, 16 Abbildungen. 1963. (38/38a)

Physikalische Methoden in der Organischen Chemie von *G. Kresze*. 2 Bände.
I: 119 Seiten, 65 Abbildungen. 1962. (44)
II: 164 Seiten. 1962. (45/45a)

Allgemeine und physikalische Chemie von *W. Schulze*. 2 Bände.
I: 5., durchgesehene Auflage. 139 Seiten, 10 Figuren. 1960. (71)
II: 5., verbesserte Auflage. 178 Seiten, 37 Figuren. 1961. (698/698a)

Einfache Versuche zur allgemeinen und physikalischen Chemie von *E. Dehn*. 371 Versuche mit 40 Abbildungen. 272 Seiten. 1962. (1201/1201a)

Molekülbau. Theoretische Grundlagen und Methoden der Strukturermittlung von *W. Schulze*. 123 Seiten, 43 Figuren. 1958. (786)

Physikalisch-chemische Rechenaufgaben von *E. Asmus*. 3., verbesserte Auflage. 96 Seiten. 1958. (445)

Maßanalyse. Theorie und Praxis der klassischen und der elektrochemischen Titrierverfahren von *G. Jander* und *K. F. Jahr*. 9., durchgesehene Auflage. 313 Seiten, 49 Figuren. 1961. (221/221a)

Qualitative Analyse von *H. Hofmann* u. *G. Jander*. 308 Seiten, 5 Abbildungen. 1960. (247/247a)

Thermochemie von *W. A. Roth †*. 2., verbesserte Auflage. 109 Seiten, 16 Figuren. 1952. (1057)

Stöchiometrische Aufgabensammlung von *W. Bahrdt †* und *R. Scheer*. Mit den Ergebnissen. 7., durchgesehene Auflage. 119 Seiten. 1960. (452)

Elektrochemie von *K. Vetter*. 2 Bände.
I: 1963. In Vorbereitung. (252)
II: 1963. In Vorbereitung. (253)

Technologie

Die Chemie der Kunststoffe von *K. Hamann*, unter Mitarbeit von *W. Funke* und *H. D. Hermann*. 143 Seiten. 1960. (1173)

Warenkunde von *K. Hassak* und *E. Beutel* †. 2 Bände.
I: Anorganische Waren sowie Kohle und Erdöl. 8. Auflage. Neubearbeitet von *A. Kutzelnigg*. 119 Seiten, 18 Figuren. 1958. (222)
II: Organische Waren. 8. Auflage. Vollständig neubearbeitet von *A. Kutzelnigg*. 157 Seiten, 32 Figuren. 1959. (223)

Die Fette und Öle von *Th. Klug*. 6., verbesserte Auflage. 143 Seiten. 1961. (335)

Die Seifenfabrikation von *K. Braun* †. 3., neubearbeitete und verbesserte Auflage von *Th. Klug*. 116 Seiten, 18 Abbildungen. 1953. (336)

Thermische Verfahrenstechnik von *H. Bock*. 3 Bände.
I: Eigenschaften und Verhalten der realen Stoffe. 1963. Im Druck. (1209/1209a)

Textilindustrie von *A. Blümcke*.
I: Spinnerei und Zwirnerei. 111 Seiten, 43 Abbildungen. 1954. (184)

Biologie

Einführung in die allgemeine Biologie und ihre philosophischen Grund- und Grenzfragen von *M. Hartmann*. 132 Seiten, 2 Abbildungen. 1956. (96)

Hormone von *G. Koller*. 2., neubearbeitete und erweiterte Auflage. 187 Seiten, 60 Abbildungen, 19 Tabellen. 1949. (1141)

Fortpflanzung im Tier- und Pflanzenreich von *J. Hämmerling*. 2., ergänzte Auflage. 135 Seiten, 101 Abbildungen. 1951. (1138)

Geschlecht und Geschlechtsbestimmung im Tier- und Pflanzenreich von *M. Hartmann*. 2., verbesserte Auflage. 116 Seiten, 61 Abbildungen, 7 Tabellen. 1951. (1127)

Symbiose der Tiere mit pflanzlichen Mikroorganismen von *P. Buchner*. 2., verbesserte und vermehrte Auflage. 130 Seiten, 121 Abbildungen. 1949. (1128)

Grundriß der Allgemeinen Mikrobiologie von *W.* u. *A. Schwartz*. 2 Bände. 2., verbesserte und ergänzte Auflage.
I: 147 Seiten, 25 Abbildungen. 1960. (1155)
II: 142 Seiten, 29 Abbildungen. 1961. (1157)

Botanik

Entwicklungsgeschichte des Pflanzenreiches von *H. Heil*. 2. Auflage. 138 Seiten, 94 Abbildungen, 1 Tabelle. 1950. (1137)

Morphologie der Pflanzen von *L. Geitler*., 3., umgearbeitete Auflage. 126 Seiten, 114 Abbildungen. 1953. (141)

Pflanzengeographie von *L. Diels* †. 5., völlig neubearbeitete Auflage von *F. Mattick*. 195 Seiten, 2 Karten. 1958. (389/389a)

Die Laubhölzer. Kurzgefaßte Beschreibung der in Mitteleuropa gedeihenden Laubbäume und Sträucher von *F. W. Neger †* und *E. Münch †*. 3., durchgesehene Auflage, herausgegeben von *B. Huber*. 143 Seiten, 63 Figuren, 7 Tabellen. 1950. (718)

Die Nadelhölzer (Koniferen) und übrigen Gymnospermen von *F. W. Neger †* und *E. Münch †*. 4. Auflage, durchgesehen und ergänzt von *B. Huber*. 140 Seiten, 75 Figuren, 4 Tabellen, 3 Karten. 1952. (355)

Pflanzenzüchtung von *H. Kuckuck*. 2 Bände.

I: Grundzüge der Pflanzenzüchtung. 3., völlig umgearbeitete und erweiterte Auflage. 132 Seiten, 22 Abbildungen. 1952. (1134)

II: Spezielle gartenbauliche Pflanzenzüchtung (Züchtung von Gemüse, Obst und Blumen). 178 Seiten, 27 Abbildungen. 1957. (1178/1178a)

Zoologie

Entwicklungsphysiologie der Tiere von *F. Seidel*. 2 Bände.

I: Ei und Furchung. 126 Seiten, 29 Abbildungen. 1953. (1162)

II: Körpergrundgestalt und Organbildung. 159 Seiten, 42 Abbildungen. 1953. (1163)

Das Tierreich

I: Einzeller, Protozoen von *E. Reichenow*. 115 Seiten. 59 Abbildungen. 1956. (444)

II: Schwämme und Hohltiere von *H. J. Hannemann*. 95 Seiten, 80 Abbildungen. 1956. (442)

III: Würmer. Platt-, Hohl-, Schnurwürmer, Kamptozoen, Ringelwürmer, Protracheaten, Bärtierchen, Zungenwürmer von *S. Jaeckel*. 114 Seiten, 36 Abbildungen. 1955. (439)

IV, 1: Krebse von *H. E. Gruner* und *K. Deckert*. 114 Seiten, 43 Abbildungen. 1956. (443)

IV, 2: Spinnentiere (Trilobitomorphen, Fühlerlose) und Tausendfüßler von *A. Kaestner*. 96 Seiten, 55 Abbildungen. 1955. (1161)

IV, 3: Insekten von *H. von Lengerken*. 128 Seiten, 58 Abbildungen. 1953. (594)

V: Weichtiere. Urmollusken, Schnecken, Muscheln und Kopffüßer von *S. Jaeckel*. 92 Seiten. 34 Figuren. 1954. (440)

VI: Stachelhäuter. Tentakulaten, Binnenatmer und Pfeilwürmer von *S. Jaeckel*. 100 Seiten, 46 Abbildungen. 1955. (441)

VII, 1: Manteltiere, Schädellose, Rundmäuler von *Th. Haltenorth*. In Vorbereitung. (448)

VII, 2: Fische von *D. Lüdemann*. 130 Seiten, 65 Abbildungen. 1955. (356)

VII, 3: Lurche (Chordatiere) von *K. Herter*. 143 Seiten, 129 Abbildungen. 1955. (847)

VII, 4: Kriechtiere (Chordatiere) von *K. Herter*. 200 Seiten, 42 Abbildungen. 1960. (447/447a)

VII, 5: Vögel (Chordatiere) von *H.-A. Freye*. 156 Seiten, 69 Figuren. 1960. (869)

VII, 6: Säugetiere (Chordatiere) von *Th. Haltenorth*. In Vorbereitung. (282)

Land- und Forstwirtschaft

Landwirtschaftliche Tierzucht. Die Züchtung und Haltung der landwirtschaftlichen Nutztiere von *H. Vogel.* 139 Seiten, 11 Abbildungen. 1952. (228)

Kulturtechnische Bodenverbesserungen von *O. Fauser.* 2 Bände. 5., verbesserte und vermehrte Auflage.
I: Allgemeines, Entwässerung. 127 Seiten, 49 Abbildungen. 1959. (691)
II: Bewässerung, Ödlandkultur, Flurbereinigung. 159 Seiten, 71 Abbildungen. 1961. (692)

Agrikulturchemie von *K. Scharrer.* 2 Bände.
I: Pflanzenernährung. 143 Seiten. 1953. (329)
II: Futtermittelkunde. 192 Seiten. 1956. (330/330a)

Geologie, Mineralogie, Kristallographie

Geologie von *F. Lotze.* 2., verbesserte Auflage. 178 Seiten, 80 Abbildungen. 1961. (13)

Erzkunde von *H. von Philipsborn.* In Vorbereitung. (1207)

Mineral- und Erzlagerstättenkunde von *H. Huttenlocher †.* 2 Bände.
I: 2. Auflage. 128 Seiten, 34 Abbildungen. In Vorbereitung. (1014)
II: 156 Seiten, 48 Abbildungen. 1954. (1015/1015a)

Allgemeine Mineralogie. 11., erweiterte Auflage der „Mineralogie" von *R. Brauns †,* bearbeitet von *K. F. Chudoba.* 152 Seiten, 143 Textfiguren, 1 Tafel, 3 Tabellen. 1963. (29/29a)

Spezielle Mineralogie. 10., erweiterte Auflage der „Mineralogie„ von *R. Brauns †,* bearbeitet von *K. F. Chudoba.* 170 Seiten, 125 Textfiguren, 4 Tabellen. 1959. (31/31a)

Petrographie (Gesteinskunde) von *W. Bruhns †.* Neubearbeitet von *P. Ramdohr.* 5., erweiterte Auflage. 141 Seiten, 10 Figuren. 1960. (173)

Kristallographie von *W. Bruhns †.* 5. Auflage, neubearbeitet von *P. Ramdohr.* 109 Seiten, 164 Abbildungen. 1958. (210)

Einführung in die Kristalloptik von *E. Buchwald.* 5., verbesserte Auflage. Etwa 138 Seiten, 117 Figuren. 1963. In Vorbereitung. (619)

Lötrohrprobierkunde. Mineraldiagnose mit Lötrohr und Tüpfelreaktion von *M. Henglein.* 4., durchgesehene und erweiterte Auflage. 108 Seiten, 12 Figuren. 1962. (483)

Technik

Graphische Darstellung in Wissenschaft und Technik von *M. Pirani*. 3., erweiterte Auflage bearbeitet von *J. Fischer* unter Benutzung der von *I. Runge* besorgten 2. Auflage. 216 Seiten, 104 Abbildungen. 1957. (728/728a)

Technische Tabellen und Formeln von *W. Müller*. 5., verbesserte und erweiterte Auflage von *E. Schulze*. 165 Seiten, 114 Abbildungen, 99 Tafeln. 1962. (579)

Grundlagen der Straßenverkehrstechnik. Theorie der Leistungsfähigkeit von *E. Engel*. 101 Seiten, 55 Abbildungen. 1962. (1198)

Elektrotechnik

Grundlagen der allgemeinen Elektrotechnik von *O. Mohr*. 2., durchgesehene Auflage. 260 Seiten, 136 Bilder, 14 Tafeln. 1961. (196/196a)

Die Gleichstrommaschine von *K. Humburg*. 2 Bände. 2., durchgesehene Auflage.
I: 102 Seiten, 59 Abbildungen. 1956. (257)
II: 101 Seiten, 38 Abbildungen. 1956. (881)

Die Synchronmaschine von *W. Putz*. 92 Seiten, 64 Bilder. 1962. (1146)

Induktionsmaschinen von *F. Unger*. 2., erweiterte Auflage. 142 Seiten, 49 Abbildungen. 1954. (1140)

Die komplexe Berechnung von Wechselstromschaltungen von *H. H. Meinke*. 3. Auflage. 180 Seiten, 120 Abbildungen. 1963. In Vorbereitung. (1156/1156a)

Theoretische Grundlagen zur Berechnung der Schaltgeräte von *F. Kesselring*. 3. Auflage. 144 Seiten, 92 Abbildungen. 1950. (711)

Einführung in die Technik selbsttätiger Regelungen von *W. zur Megede*. 2., durchgesehene Auflage. 180 Seiten, 86 Abbildungen. 1961. (714/714a)

Elektromotorische Antriebe (Grundlagen für die Berechnung) von *A. Schwaiger*. 3., neubearbeitete Auflage. 96 Seiten, 34 Abbildungen. 1952. (827)

Überspannungen und Überspannungsschutz von *G. Frühauf*. Durchgesehener Neudruck. 122 Seiten, 98 Abbildungen. 1950. (1132)

Elektrische Höchstspannungs-Schaltanlagen von *G. Meiners* und *K. H. Wiesenewsky*. 1963. In Vorbereitung. (796)

Transformatoren von *W. Schäfer*. 4., überarbeitete und ergänzte Auflage. 130 Seiten, 73 Abbildungen. 1962. (952)

Maschinenbau

Metallkunde von *H. Borchers.* 3 Bände. 5. Auflage.
I: Aufbau der Metalle und Legierungen. 120 Seiten, 90 Abbildungen, 2 Tabellen. 1962. (432)
II: Eigenschaften, Grundzüge der Form- und Zustandsgebung. Etwa 180 Seiten, 107 Abbildungen, 10 Tabellen. 1963. (433/433a)
III: Die metallkundlichen Untersuchungsmethoden von *E. Hanke.* In Vorbereitung. (434)

Die Werkstoffe des Maschinenbaues von *A. Thum †* und *C. M. v. Meysenbug.* 2 Bände.
I: Einführung in die Werkstoffprüfung. 2., neubearbeitete Auflage. 100 Seiten, 7 Tabellen, 56 Abbildungen. 1956. (476)
II: Die Konstruktionswerkstoffe. 132 Seiten, 40 Abbildungen. 1959. (936)

Dynamik von *W. Müller.* 2 Bände. 2., verbesserte Auflage.
I: Dynamik des Einzelkörpers. 128 Seiten, 48 Figuren. 1952. (902)
II: Systeme von starren Körpern. 102 Seiten, 41 Figuren. 1952. (903)

Technische Schwingungslehre von *L. Zipperer.* 2 Bände. 2., neubearbeitete Auflage.
I: Allgemeine Schwingungsgleichungen, einfache Schwinger. 120 Seiten, 101 Abbildungen. 1953. (953)
II: Torsionsschwingungen in Maschinenanlagen. 102 Seiten, 59 Abbildungen. 1955. (961/961a)

Werkzeugmaschinen für Metallbearbeitung von *K. P. Matthes.* 2 Bände.
I: 100 Seiten 27 Abbildungen, 11 Zahlentafeln, 1 Tafelanhang. 1954. (561)
II: Fertigungstechnische Grundlagen der neuzeitlichen Metallbearbeitung. 101 Seiten, 30 Abbildungen, 5 Tafeln. 1955. (562)

Das Maschinenzeichnen mit Einführung in das Konstruieren von *W. Tochtermann.* 2 Bände. 4. Auflage.
I: Das Maschinenzeich en. 156 Seiten, 75 Tafeln. 1950. (589)
II: Ausgeführte Konstruktionsbeispiele. 130 Seiten, 58 Tafeln. 1950. (590)

Die Maschinenelemente von *E. A. vom Ende †.* 4., überarbeitete Auflage. 184 Seiten, 179 Figuren, 11 Tafeln. 1963. (3/3a)

Die Maschinen der Eisenhüttenwerke von *L. Engel.* 156 Seiten, 95 Abbildungen. 1957. (583/583a)

Walzwerke von *H. Sedlaczek †* unter Mitarbeit von *F. Fischer* und *M. Buch.* 232 Seiten, 157 Abbildungen. 1958. (580/580a)

Getriebelehre von *P. Grodzinski †.* 2 Bände. 3., neubearbeitete Auflage von *G. Lechner.*
I: Geometrische Grundlagen. 164 Seiten, 131 Figuren. 1960. (1061)
II: Angewandte Getriebelehre. In Vorbereitung. (1062)

Kinematik von *H. R. Müller.* 171 Seiten, 75 Figuren. 1963. (584/584a)

Gießereitechnik von *H. Jungbluth*. 2 Bände.
I: Eisengießerei. 126 Seiten, 44 Abbildungen. 1951. (1159)

Die Dampfturbinen. Ihre Wirkungsweise, Berechnung und Konstruktion von *C. Zietemann*. 3 Bände.
I: Theorie der Dampfturbinen. 4. Auflage. 139 Seiten, 48 Abbildungen. 1963. In Vorbereitung. (274)
II: Die Berechnung der Dampfturbinen und die Konstruktion der Einzelteile. 3., verbesserte Auflage. 132 Seiten, 111 Abbildungen. 1956. (715)
III: Die Regelung der Dampfturbinen, die Bauarten, Turbinen für Sonderzwecke, Kondensationsanlagen. 3., verbesserte Auflage. 126 Seiten, 90 Abbildungen. 1956. (716)

Verbrennungsmotoren von *W. Endres*. 3 Bände.
I: Überblick. Motor-Brennstoffe. Verbrennung im Motor allgemein, im Otto- und Diesel-Motor. 153 Seiten, 57 Abbildungen. 1958. (1076/1076a)
II: Die heutigen Typen der Verbrennungskraftmaschine. In Vorbereitung. (1184)
III: Die Einzelteile des Verbrennungsmotors. In Vorbereitung. (1185)

Autogenes Schweißen und Schneiden von *H. Niese*. 5. Auflage, neubearbeitet von *A. Küchler*. 136 Seiten, 71 Figuren. 1953. (499)

Die elektrischen Schweißverfahren von *H. Niese*. 2. Auflage, neubearbeitet von *H. Dienst*. 136 Seiten, 58 Abbildungen. 1955. (1020)

Die Hebezeuge. Entwurf von Winden und Kranen von *G. Tafel*. 2., verbesserte Auflage. 176 Seiten, 230 Figuren. 1954. (414/414a)

Wasserbau

Wasserkraftanlagen von *A. Ludin* unter Mitarbeit von *W. Borkenstein*. 2 Bände.
I: Planung, Grundlagen und Grundzüge. 124 Seiten, 60 Abbildungen. 1955. (665)
II: Anordnung und Ausbildung der Hauptbauwerke. 184 Seiten, 91 Abbildungen. 1958. (666/666a)

Verkehrswasserbau von *H. Dehnert*. 3 Bände.
I: Entwurfsgrundlagen, Flußregelungen. 103 Seiten, 53 Abbildungen. 1950. (585)
II: Flußkanalisierung und Schiffahrtskanäle. 94 Seiten, 60 Abbildungen. 1950. (597)
III: Schleusen und Hebewerke. 98 Seiten, 70 Abbildungen. 1950. (1152)

Wehr- und Stauanlagen von *H. Dehnert*. 134 Seiten, 90 Abbildungen. 1952. (965)

Talsperren von *F. Tölke*. 122 Seiten, 70 Abbildungen. 1953. (1044)

Vermessungswesen

Vermessungskunde von *W. Grossmann.* 3 Bände.
I: Stückvermessung und Nivellieren. 11., verbesserte Auflage. 144 Seiten, 117 Figuren. 1962. (468)
II: Horizontalaufnahmen und ebene Rechnungen. 9. Auflage. Etwa 133 Seiten, 97 Figuren. 1963. In Vorbereitung. (469)
III: Trigonometrische und barometrische Höhenmessung. Tachymetrie und Absteckungen. 7., völlig neubearbeitete Auflage. 136 Seiten, 97 Figuren. 1960. (862)

Kartographie von *V. Heissler.* 213 Seiten, 125 Abbildungen, 8 Anlagen. 1962. (30/30a)

Photogrammetrie von *G. Lehmann.* 189 Seiten, 132 Abbildungen. 1959. (1188/1188a)

Hoch- und Tiefbau

Die wichtigsten Baustoffe des Hoch- und Tiefbaus von *O. Graf †.* 4., verbesserte Auflage. 131 Seiten, 63 Abbildungen. 1953. (984)

Baustoffverarbeitung und Baustellenprüfung des Betons von *A. Kleinlogel.* 2., neubearbeitete und erweiterte Auflage. 126 Seiten, 35 Abbildungen. 1951. (978)

Festigkeitslehre. 2 Bände.
I: Elastizität, Plastizität und Festigkeit der Baustoffe und Bauteile von *W. Gehler †* und *W. Herberg.* Durchgesehener und erweiterter Neudruck. 159 Seiten, 118 Abbildungen. 1952. (1144)
II: Formänderung, Platten, Stabilität und Bruchhypothesen von *W. Herberg* und *N. Dimitrov.* 187 Seiten, 94 Abbildungen. 1955. (1145/1145a)

Grundlagen des Stahlbetonbaus von *A. Troche.* 2., neubearbeitete und erweiterte Auflage. 208 Seiten, 75 Abbildungen, 17 Bemessungstafeln, 20 Rechenbeispiele. 1953. (1078)

Statik der Baukonstruktionen von *A. Teichmann.* 3 Bände.
I: Grundlagen. 101 Seiten, 51 Abbildungen, 8 Formeltafeln. 1956. (119)
II: Statisch bestimmte Stabwerke. 107 Seiten, 52 Abbildungen, 7 Tafeln. 1957. (120)
III: Statisch unbestimmte Systeme. 112 Seiten, 34 Abbildungen, 7 Formeltafeln. 1958. (122)

Fenster, Türen, Tore aus Holz und Metall. Eine Anleitung zu ihrer guten Gestaltung, wirtschaftlichen Bemessung und handwerksgerechten Konstruktion von *W. Wickop †*. 4., überarbeitete und ergänzte Auflage. 155 Seiten, 95 Abbildungen. 1955. (1092)

Heizung und Lüftung von *W. Körting*. 2 Bände. 9., neubearbeitete Auflage.
I: Das Wesen und die Berechnung der Heizungs- und Lüftungsanlagen. 171 Seiten, 29 Abbildungen, 36 Zahlentafeln. 1962. (342/342a)
II: Die Ausführung der Heizungs- und Lüftungsanlagen. 1963. In Vorbereitung. (343)

Industrielle Kraft- und Wärmewirtschaft von *F. A. F. Schmidt* und *A. Beckers*. 167 Seiten, 73 Abbildungen. 1957. (318/318a)

Sammlung Göschen / Bandnummernfolge

1 Langosch, Der Nibelunge Nôt
3/3a v. Ende, Maschinenelemente
10 Jiriczek-Wisniewski, Kudrun- und Dietrich-Epen
13 Lotze, Geologie
18 Maurer, Hartmann von Aue. Der arme Heinrich
19 Altheim, Römische Geschichte I
20 Hofstaetter, Dt. Sprachlehre
22 Maurer, Gottfried von Strassburg
29/29a Brauns-Chudoba, Allgemeine Mineralogie
30/30a Heissler, Kartographie
31/31a Brauns-Chudoba, Spezielle Mineralogie
35 Treue, Dt. Geschichte von 1648—1740
37/37a Klemm, Anorganische Chemie
38/38a Schlenk, Organische Chemie
39 Treue, Dt. Geschichte von 1713—1806
42 Behn-Hoernes, Vorgeschichte Europas
44 Kresze, Physikalische Methoden in der Organischen Chemie I
45/45a Kresze, Physikalische Methoden in der Organischen Chemie II
47 Fischer-Rohrbach, Arithmetik
51/51a Ringleb, Mathem. Formelsammlung
52 Bieler, Röm. Literaturgesch. I
59 Krahe, Indog. Sprachwiss. I
60 Biehle, Stimmkunde
61 Biele, Redetechnik
64 Krahe, Indog. Sprachwiss. II
65/65a Grotemeyer, Analyt. Geometrie
66 Berneker-Vasmer, Russische Grammatik
70 Nestle-Liebich, Gesch. d. griechischen Literatur I
71 Schulze, Allgemeine und physikalische Chemie I
76 Döring, Einf. i. d. th. Physik I
77 Döring, Einf. i. d. th. Physik II
78 Döring, Einf. i. d. th. Physik III
79/79a Hempel, Got. Elementarbuch
80 Weigert, Stilkunde I
81 Schubert-Haussner-Erlebach, Vierstell. Logarithmentafeln
86/86a Barner, Differential- u. Integralrechnung I
96 Hartmann, Einf. in die allgem. Biologie
99 Hessenberg-Kneser, Ebene und sphär. Trigonometrie
101 v. Wiese, Soziologie
103 Dahrendorf, Industrie- und Betriebssoziologie
104/104a Hofstätter, Sozialpsychologie
111 Hoffmann-Debrunner, Gesch. der griechischen Sprache I
114 Debrunner, Gesch. der griechischen Sprache II
117 Brandenstein, Griechische Sprachwissenschaft I
118/118a Brandenstein, Griechische Sprachwissenschaft II
119 Teichmann, Statik der Baukonstruktionen I
120 Teichmann, Statik der Baukonstruktionen II
122 Teichmann, Statik der Baukonstruktionen III
125 Vossler-Noyer-Weidner, Ital. Literaturgeschichte
128/128a Lausberg, Romanische Sprachwissenschaft I

136 Mahler-Graewe, Physikal. Formelsammlung
141 Geitler, Morphologie der Pflanzen
142 Haack, Darst. Geometrie I
143 Haack, Darst. Geometrie II
144 Haack, Darst. Geometrie III
145 Weimer, Gesch. der Pädagogik
148 Kolms, Finanzwissenschaft I
156/156a Landmann, Philosophische Anthropologie
170 Oehlmann, Musik des 19. Jhs.
171/171a Oehlmann, Musik des 20. Jhs.
173 Bruhns-Ramdohr, Petrographie
174 Schlingloff, Religion des Buddhismus I
180 Böhm, Versicherungsmathematik I
184 Blümcke, Textilindustrie I
196/196a Mohr, Grundlagen der allgem. Elektrotechnik
200/200a Gottschald, Dt. Rechtschreibungswörterbuch
210 Bruhns-Ramdohr, Kristallographie
220/220a Moser, Allg. Musiklehre
221/221a Jander-Jahr, Maßanalyse
222 Hassak-Beutel-Kutzelnigg, Warenkunde I
223 Hassak-Beutel-Kutzelnigg, Warenkunde II
226/226a Hofmann, Gesch. der Mathematik I
228 Vogel, Landw. Tierzucht
231/231a Ehrlich, Gesch. Israels
238 Krahe, Germ. Sprachwiss. I
243 Mahler, Physikal. Aufgabensammlung
247/247a Hofmann-Jander, Qualitative Analyse
250 Lausberg, Romanische Sprachwissenschaft II
252 Vetter, Elektrochemie I
253 Vetter, Elektrochemie II
257 Humburg, Gleichstrommaschine I
264 Lockemann, Gesch. der Chemie I
265/265a Lockemann, Geschichte der Chemie II
270 Kirn, Einführung in die Geschichtswissenschaft
274 Zietemann, Dampfturbinen I
279 Jacob-Hohenleutner, Quellenkunde der deutschen Geschichte I
280 Jacob-Hohenleutner, Quellenkunde der deutschen Geschichte II
281 Leisegang, Einführung in die Philosophie
282 Haltenorth, Säugetiere
284 Jacob-Weden, Quellenkunde der deutschen Geschichte III
318/318a Schmidt-Beckers, Industrielle Kraft- u. Wärmewirtschaft
319 Krug, Australien und Ozeanien
329 Scharrer, Agrikulturchemie I
330/330a Scharrer, Agrikulturchemie II
335 Klug, Fette und Öle
336 Braun-Klug, Seifenfabrikation
342/342a Körting, Heizung und Lüftung I
343 Körting, Heizung und Lüftung II
344 Moser, Musikästhetik
354/354a Valentiner-König, Vektoren und Matrizen
355 Neger-Münch-Huber, Nadelhölzer
356 Lüdemann, Fische
374 Döring, Einführung in die theoret. Physik IV
375 Preller, Geschichte Englands I
389/389a Diels-Mattick, Pflanzengeographie
391 Kolms, Finanzwissenschaft II
394/394a Schilling, Von der Renaissance bis Kant
414/414a Tafel, Hebezeuge
422 Gottschald, Dt. Personennamen
423 Adler-Erlebach, Fünfstellige Logarithmen
432 Borchers, Metallkunde I
433/433a Borchers, Metallkunde II
434 Borchers-Hanke, Metallkunde III

435 Burau, Algebr. Kurven u. Flächen I
436/436a Burau, Algebr. Kurven und Flächen II
439 Jaeckel, Würmer
440 Jaeckel, Weichtiere
441 Jaeckel, Stachelhäuter
442 Hannemann, Schwämme und Hohltiere
443 Gruner-Deckert, Krebse
444 Reichenow, Einzeller
445 Asmus, Physikal.-chem. Rechenaufgaben
447/447a Herter, Kriechtiere
448 Haltenorth, Manteltiere
452 Bahrdt-Scheer, Stöchiometrische Aufgabensammlung
468 Grossmann, Vermessungskunde I
469 Grossmann, Vermessungskunde II
476 Thum-Meysenbug, Die Werkstoffe des Maschinenbaues I
483 Henglein, Lötrohrprobierkunde
492 Stolz-Debrunner, Geschichte der lateinischen Sprache
499 Niese-Küchler, Autogenes Schweißen
500 Simmel, Hauptprobleme der Philosophie
536 Lehmann, Kant
538 Rumpf, Archäologie I
539 Rumpf, Archäologie II
557 Nestle-Liebich, Gesch. der griech. Literatur II
561 Matthes, Werkzeugmaschinen I
562 Matthes, Werkzeugmaschinen II
564 Behn-Hoernes, Kultur der Urzeit I
565 Behn-Hoernes, Kultur der Urzeit II
566 Behn-Hoernes, Kultur der Urzeit III
571 Lehmann, Philosophie des 19. Jahrhunderts I
576/576a Moser, Gesangskunst
579 Müller-Schulze, Techn. Tabellen
580/580a Sedlaczek-Fischer-Buch, Walzwerke
583/583a Engel, Maschinen der Eisenhüttenwerke
584/584a Müller, Kinematik
585 Dehnert, Verkehrswasserbau I
587 Kalitsunakis-Steinmetz, Neugriech.-dt. Gesprächsbuch
589 Tochtermann, Maschinenzeichnen I
590 Tochtermann, Maschinenzeichnen II
594 v. Lengerken, Insekten
597 Dehnert, Verkehrswasserbau II
601 Mutschmann, Engl. Phonetik
619 Buchwald, Kristalloptik
665 Ludin-Borkenstein, Wasserkraftanlagen I
666/666a Ludin-Borkenstein, Wasserkraftanlagen II
668 Knopp, Funktionentheorie I
677 Altheim, Röm. Geschichte II
679 Altheim, Röm. Geschichte III
684 Altheim, Röm. Geschichte IV
691 Fauser, Kulturtechn. Bodenverbesserungen I
692 Fauser, Kulturtechn. Bodenverbesserungen II
698/698a Schulze, Allgemeine u. physikalische Chemie II
703 Knopp, Funktionentheorie II
709 Lehmann, Philosophie des 19. Jahrhunderts II
711 Kesselring, Berechnung der Schaltgeräte
714/714a zur Megede, Technik selbsttätiger Regelungen
715 Zietemann, Dampfturbinen II
716 Zietemann, Dampfturbinen III
718 Neger-Münch-Huber, Laubhölzer
728/728a Pirani-Fischer-Runge, Graph. Darstellung in Wissenschaft u. Technik
735 Ekwall, Historische neuengl. Laut- und Formenlehre
746/746a Pfanzagl, Allg. Methodenlehre der Statistik I
747/747a Pfanzagl, Allg. Methodenlehre der Statistik II
756/756a Kalitsunakis, Gramm. d. Neugriech. Volksspr.

763/763a Beer-Meyer, Hebräische Grammatik I
764/764a Beer-Meyer, Hebräische Grammatik II
768/768a Bieberbach, Einführung in die konforme Abbildung
769/769a Beer-Meyer, Hebräisches Textbuch
770 Schlingloff, Religion des Buddhismus II
776 Kolms, Finanzwissensch. III
780 Krahe, German. Sprachwiss. II
781 Weigert, Stilkunde II
782 Kolms, Finanzwissensch. IV
786 Schulze, Molekülbau
796 Meiners-Wiesenewsky, Elektr. Höchstspannungs-Schaltanlagen
807 Kropp, Erkenntnistheorie
809 Moser, Harmonielehre I
826 Koch, Philosophie d. Mittelalters
827 Schwaiger, Elektromotorische Antriebe
831 Erismann, Allg. Psychologie I
832/382a Erismann, Allg. Psychologie II
833 Erismann, Allg. Psychologie III
834/834a Erismann, Allg. Psychologie IV
837 Baumgartner, Gruppentheorie
845 Lehmann, Philosophie im ersten Drittel des 20. Jhs. I
847 Herter, Lurche
850 Lehmann, Philosophie im ersten Drittel des 20. Jhs. II
851/851a Moede, Psychologie des Berufs- und Wirtschaftslebens
857 Capelle, Griech. Philosophie I
858 Capelle, Griech. Philos. II
859 Capelle, Griech. Philos. III
862 Grossmann, Vermessungskunde III
863 Capelle, Griech. Philos. IV
866 Bieler, Röm. Literaturgeschichte II
869 Freye, Vögel
875 Hofmann, Geschichte der Mathematik II
877 Knopp, Aufgabensammlung zur Funktionentheorie I
878 Knopp, Aufgabensammlung zur Funktionentheorie II
881 Humburg, Gleichstrommaschine II
882 Hofmann, Geschichte der Mathematik III
883 Stuloff, Mathematik der neuesten Zeit
893 Treue, Dt. Geschichte von 1806—1890
894 Treue, Dt. Geschichte von 1890 bis zur Gegenwart
902 Müller, Dynamik I
903 Müller, Dynamik II
910 Jaeger, Afrika I
911 Jaeger, Afrika II
915 Sperber-Fleischhauer, Gesch. der Deutschen Sprache
917/917a Böhm, Versicherungsmathematik II
920 Hoheisel, Gewöhnliche Differentialgleichungen
921 Jantzen-Kolb, W. v. Eschenbach. Parzival
929 Schirmer-Mitzka, Dt. Wortkunde
930 Krull, Elementare und klassische Algebra I
931 Hasse, Höhere Algebra I
932 Hasse, Höhere Algebra II
933 Krull, Elementare und klassische Algebra II
936 Thum-Meysenbug, Werkstoffe d. Maschinenbaues II
952 Schäfer, Transformatoren
953 Zipperer, Techn. Schwingungslehre I
961/691a Zipperer, Techn. Schwingungslehre II
965 Dehnert, Wehr- und Stauanlagen
970 Baldus-Löbell, Nichteuklidische Geometrie
978 Kleinlogel, Baustoffverarbeitung und Baustellenprüfung d. Betons
984 Graf, Baustoffe des Hoch- und Tiefbaues
999/999a Kamke, Mengenlehre

1000 Jaspers, Geistige Situat. der Zeit
1003 Hoheisel, Partielle Differentialgleichung
1008/1008a Mellerowicz, Allgem. Betriebswirtschaftslehre I
1009 Bechert-Gerthsen-Flammersfeld, Atomphysik I
1014 Huttenlocher, Mineral- und Erzlagerstättenkunde I
1015/1015a Huttenlocher, Mineral- u. Erzlagerstättenkunde I
1017 Döring, Einführung in die theoret. Physik V
1020 Niese-Dienst, Elektrische Schweißverfahren
1031/1031a Apel-Ludz, Philosophisches Wörterbuch
1033 Bechert-Gerthsen-Flammersfeld, Atomphysik II
1034 Kranefeldt-Jung, Therapeutische Psychologie
1035 Altheim, Röm. Religionsgeschichte I
1039 Dovifat, Zeitungslehre I
1040 Dovifat, Zeitungslehre II
1044 Tölke, Talsperren
1045 Schubert, Technik des Klavierspiels
1051/1051a Stolberg-Wernigerode, Gesch. d. Vereinigten Staaten
1052 Altheim, Röm. Religionsgeschichte II
1057 Roth, Thermochemie
1059 Hoheisel, Aufgabenslg z. d. gew. u. part. Differentialgl.
1061 Grodzinski-Lechner, Getriebelehre I
1062 Grodzinski-Lechner, Getriebelehre II
1065 Haller-Dannenbauer, Von d. Karolingern zu den Staufern
1070 Sauter, Differentialgleichungen der Physik
1074 Koschmieder, Variationsrechnung I
1075 –, Variationsrechnung II
1076/1076a Endres, Verbrennungsmotoren I
1077 Haller-Dannenbauer, Von den Staufern zu den Habsburgern
1078 Troche, Stahlbetonbau
1082 Hasse-Klobe, Aufgabensammlung zur höheren Algebra
1085 Lietzmann-Aland, Zeitrechnung
1086 Müller, Dt. Dichten und Denken
1088 Preller, Gesch. Englands II
1092 Wickop, Fenster, Türen, Tore
1094 Hernried, System. Modulation
1096 Viëtor, Dt. Dichten und Denken
1099 Hoheisel, Integralgleichungen
1105 Hartung, Dt. Geschichte im Zeitalter der Reformation
1108 de Boor-Wisniewski, Mittelhochdeutsche Grammatik
1109 Knopp, Elemente der Funktionentheorie
1111/1111a Naumann-Betz, Althochdt. Elementarbuch
1113/1113a Strubecker, Differentialgeometrie I
1114 Schubel, Engl. Literaturgeschichte I
1115 Ranke, Altnord. Elementarbuch
1116 Schubel, Engl. Literaturgeschichte II
1117 Haller-Dannenbauer, Eintritt der Germanen in die Geschichte
1121 Naumann, Dt. Dichten u. Denken
1122 Feist, Sprechen und Sprachpflege
1123/1123a Bechert-Gerthsen-Flammersfeld, Atomphysik III
1124 Schubel, Engl. Literaturgeschichte III
1125 Lehnert, Altengl. Elementarbuch
1127 Hartmann, Geschlecht u. Geschlechtsbestimmung im Tier- und Pflanzenreich
1128 Buchner, Symbiose der Tiere
1130 Dibelius-Kümmel, Jesus
1131 Scholz-Schoeneberg, Einführung in die Zahlentheorie
1132 Frühauf, Überspannungen

1134 Kuckuck, Pflanzenzüchtung I
1135 Lehnert, Beowulf
1137 Heil, Entwicklungsgesch. d. Pflanzenreiches
1138 Hämmerling, Fortpflanzung im Tier- und Pflanzenreich
1140 Unger, Induktionsmaschine
1141 Koller, Hormone
1142 Meissner-Lehnert, Shakespeare
1144 Gehler-Herberg, Festigkeitslehre I
1145/1145a Herberg-Dimitrov, Festigkeitslehre II
1146 Putz, Synchronmaschine
1147 v. Waltershausen, Kunst d. Dirigierens
1148 Pepping, Der polyphone Satz I
1152 Dehnert, Verkehrswasserbau III
1153/1153a Mellerowicz, Allgem. Betriebswirtschaftslehre II
1154/1154a Mellerowicz, Allgem. Betriebswirtschaftslehre III
1155 Schwartz, Mikrobiologie I
1156/1156a Meinke, Komplexe Berechnungen v. Wechselstromschaltungen
1157 Schwartz, Mikrobiologie II
1158 Mayrhofer, Sanskrit-Grammatik
1159 Jungbluth, Gießereitechnik I
1160 Dibelius-Kümmel, Paulus
1161 Kaestner, Spinnentiere
1162 Seidel, Entwicklungsphysiologie der Tiere I
1163 Seidel, Entwicklungsphysiologie der Tiere II
1164/1164a Pepping, Der polyphone Satz II
1165/1165a Bechert-Gerthsen-Flammersfeld, Atomphysik IV
1169 Paulsen, Allgemeine Volkswirtschaftslehre I
1170 Paulsen, II
1171 Paulsen, III
1172 Paulsen, IV
1173 Hamann-Funke-Hermann, Chemie der Kunststoffe
1176/1176a Lorenzen, Form. Logik
1178/1178a Kuckuck, Pflanzenzüchtung II
1179/1179a Strubecker, Differentialgeometrie II
1180/1180a Strubecker, Differentialgeometrie III
1181 Franz, Topologie I
1182 Franz, Topologie II
1183/1183a Nicolas, Finanzmathematik
1184 Endres, Verbrennungsmotoren II
1185 Endres, Verbrennungsmotoren III
1186/1186a Mellerowicz, Allgem. Betriebswirtschaftslehre IV
1187 Lau, Luther
1188/1188a Lehmann, Photogrammetrie
1189/1189a Päsler, Mechanik
1190 Stupperich, Melanchthon
1191/1191a Bräuer, Slav. Sprachwissenschaft I
1193 Fürstenberg, Wirtschaftssoziologie
1194 Wendt, Gesch. d. Volkswirtschaftslehre
1195 Ohm, Allgem. Volkswirtschaftspolitik I
1196 Ohm, — II
1197/1197a Onasch, Einf. in die Konfessionskunde der orthodoxen Kirchen
1198 Engel, Straßenverkehrstechnik
1199 Lausberg, Romanische Sprachwissenschaft III, 1. Teil
1200/1200a Lausberg, Romanische Sprachwissenschaft III, 2. Teil
1201/1201a Dehn, Versuche zur allgem. u. phys. Chemie
1202/1202a Nagel, Gesch. des christl. Gottesdienstes
1203 Wendland, Sozialethik
1204 Scheurig, Zeitgeschichte
1205/1205a Hofmann, Ideengeschichte d. soz. Bewegung
1207 Philipsborn, Erzkunde
1208 Lausberg, Romanische Sprachwissenschaft IV
1209/1209a Bock, Therm. Verfahrenstechnik I

Autorenregister

120, II, 63

GJG

FSC
www.fsc.org
MIX
Papier | Fördert
gute Waldnutzung
FSC® C083411

Kolibri 360 GmbH
Ferdinand-Jühlke-Straße 7
99095 Erfurt, Deutschland
produktsicherheit@kolibri360.de